Excel
による確率入門

縄田和満

著

朝倉書店

Excel, Office, Visual Basic, Windows は米国 Microsoft 社の米国および世界各地における商標または登録商標です．その他，本文中に現れる社名・製品名はそれぞれの会社の商標または登録商標です．本文中には TM マークなどは明記していません．

はじめに

　自然科学, 社会科学の分野を問わず, あらゆる分野において,「不確実性」について扱うことが不可欠となっている. たとえば, 日本人の意識調査を行う場合を考えてみよう. 分析対象とする集団全体を母集団 (population) と呼ぶが, この場合, 日本人全体が母集団となる. しかしながら, 母集団全体について知ることは, ほとんどの場合, 困難である. 全員を調査するとなると小さな子どもは除いても1億人程度を調査する必要があることになる. このような場合, 母集団からその一部を選び出し, 選び出された集団について調査を行い, 母集団について推定するということが行われる. 母集団から選び出されたものを標本 (sample), 選び出すことを標本抽出と呼ぶ. 新聞社やテレビ局が行う世論調査では, 通常, 数千人程度を選び, 面接や電話などによる調査を行って結果を集計している.

　しかしながら, 標本は母集団のごく一部である. 標本が母集団をよく表しているかどうかは, どのような標本を抽出するかに依存し, 不確実性やばらつきの問題を生じる. 母集団を1億人とし, 標本として1000人抽出したとすると10万分の1を調査したにすぎないし, 大規模な調査を行って1万人を調査しても1万分の1を調査したにすぎない. (我々が調査するのは標本であるが, 知りたいのはあくまでも母集団についてである.)

　また, ファイナンスなどの分野では, 将来の不確実性を扱うし, 量子力学などでは, 電子などの挙動はすべて不確定性を伴っている. このような不確実性やばらつきに対応するためには, 数学的な道具として, どうしても確率や確率分布・確率変数の基礎的な知識が必要である.

　本書では, 筆者が東京大学で行ってきた講義・演習に基づいて, 確率や確率分布・確率変数について, その基礎から説明する. また, 実際の問題を解くには, 確率を具体的に計算する必要がある. このため, 本書では, 理論的な面ばかりでなく, Excelによる確率の計算や簡単なシミュレーションについても説明してい

る．実際に確率を計算してみることは，理論的な理解を深めるためにも重要であると考えられる．

なお，本書は，すでに述べたように，筆者が東京大学で行ってきた講義・演習をまとめたものであるが，ご助言・コメントを頂いた諸先生方，受講生諸君に感謝の意を表したい．また，出版に関しては，朝倉書店編集部の方々に大変お世話頂いた．心からお礼申し上げたい．

 2003年3月

著　　者

目次

1. 確率の基礎 — 1
   - 1.1 事象と標本空間　*1*
   - 1.2 確率　*4*
   - 1.3 順列の数と組み合わせの数の計算　*12*
   - 1.4 演習問題　*14*

2. 確率変数 — 16
   - 2.1 離散型の確率分布　*16*
   - 2.2 離散型の確率分布の例　*18*
   - 2.3 連続型の確率分布　*27*
   - 2.4 連続型の確率分布の例　*29*
   - 2.5 指数型分布族　*50*
   - 2.6 演習問題　*51*

3. 確率変数の変換とモーメント母関数，特性関数 — 53
   - 3.1 変換された変数の確率密度関数　*53*
   - 3.2 k次のモーメントと歪度，尖度　*54*
   - 3.3 モーメント母関数と特性関数　*58*
   - 3.4 演習問題　*63*

4. 多次元の確率分布 — 64
   - 4.1 2次元の確率分布　*64*
   - 4.2 n次元の確率分布　*70*
   - 4.3 連続型の確率変数の変換　*74*

- 4.4 多次元の確率分布の例　*76*
- 4.5 リーマン・スティルチェス積分　*77*
- 4.6 Excelによる多次元分布の計算　*78*
- 4.7 演習問題　*83*

5. 乱数によるシミュレーション ―――― *86*
- 5.1 「分析ツール」による乱数の発生　*86*
- 5.2 逆変換法による乱数の発生　*93*
- 5.3 乱数発生のVBAマクロ　*98*
- 5.4 演習問題　*108*

6. 確率空間と確率変数, 収束の定義 ―――― *109*
- 6.1 確率空間　*109*
- 6.2 確率変数と可測関数　*111*
- 6.3 収束の定義　*113*
- 6.4 確率収束に関する定理　*117*
- 6.5 演習問題　*118*

7. 大数の法則と中心極限定理 ―――― *119*
- 7.1 大数の法則　*119*
- 7.2 中心極限定理　*120*
- 7.3 大数の法則と中心極限定理のシミュレーション　*124*
- 7.4 演習問題　*127*

8. 母集団の推定, 検定と χ^2 分布, t 分布 ―――― *129*
- 8.1 母集団と標本　*129*
- 8.2 点推定と区間推定　*131*
- 8.3 仮説検定　*137*
- 8.4 Excelによる χ^2 分布, t 分布を使った演習　*142*
- 8.5 演習問題　*153*

9. 異なった母集団の同一性の検定と F 分布 — 154
9.1 2つの母集団の同一性の検定　*154*
9.2 3つ以上の母集団の同一性の検定と一元配置分散分析　*158*
9.3 Excelによる F 分布を使った分析　*161*
9.4 演習問題　*170*

参考文献 ——————————————— *173*
索　引 ——————————————— *175*

1. 確率の基礎

　現在では，自然科学，社会科学の分野を問わず，あらゆる分野において，「不確実性」について扱うことが不可欠となっています．不確実性やばらつきに対応するためには，数学的な道具として，どうしても確率や確率分布・確率変数の基礎的な知識が必要です．本章では，確率の基礎について説明します．

　なお，確率に関連する問題は，公務員試験の一般教養試験などでも，数多く出題されています．章末の演習は，これらの試験のレベルを考慮してつくられています．本章の内容を理解し，演習を自分で解いてみることは，これらの試験を受験する場合にも役立つと考えられます．

1.1 事象と標本空間

1.1.1 事象

　確率は，物事の起こりやすさを表します．日常生活でもコインの表がでる確率が1/2である，今日の降水確率が30％であるなどと使われていますが，確率が高いほど起こりやすいことを意味しています．(したがって，我々は，朝，天気予報を聞いて，降水確率が高い場合，雨が降りやすいと判断し傘を持って出かけるという行動をとるわけです．)

　確率論では，起こりうることがらを事象(event)と呼びます．起こりうることがら全体の集合を標本空間(sample space)と呼び，Ωで表します．Ωに含まれる要素は，標本点(sample point)と呼ばれ，ωで表します．ωがΩの要素である場合，記号「$\in$」を使って，

$$\omega \in \Omega$$

と表します．事象とは，Ωの部分集合で，A, Bなどと表します．AがΩの部分集合であるとは，Aに含まれるすべての要素がΩに含まれる場合，すなわち，AがΩの一部である場合をいいます．事象となるためには，正確には可測

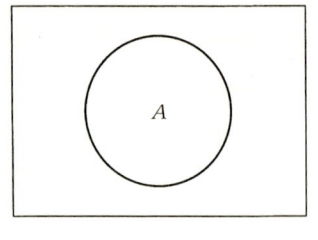

図1.1 確率を表すのには，Ω を長方形で表し，事象 A をその中に円で表すことが行われるが，これをベン図と呼ぶ．

(measurable) でなければなりませんが，この詳細については，後ほど説明しますので，現在の時点ではただ単に部分集合と理解しておいてください．また，1つの標本点からなり，分解できないものを根元事象 (elementary event)，複数の標本点からなり，複数の根元事象に分解可能なものを複合事象と呼びます．

A が Ω の部分集合であることは，記号「$\subset$」を使って，

$$A \subset \Omega$$

と表されます．Ω 自身も Ω の部分集合ですので，事象であり，全事象と呼ばれます．また，起こらないことも1つの事象とし，空事象 (empty event) と呼び ϕ で表します．(ϕ は数字の0に対応しています．) 事象は，図1.1のように，Ω を長方形で表し，A をその中の円で表しますが，これをベン図 (Venn diagram) と呼びます．

1.1.2 事象の間の関係

2つの事象 A, B の関係は，図1.2 (a)〜1.2 (c) のように，
 i) A が B に含まれ，その部分集合である (または，その逆),
 ii) A と B に共通部分がある,
 iii) A と B に共通部分がない,
のいずれかです．A と B に共通部分がなく，一方が起こると他方は起こらないとき，A と B は排反事象 (disjoint events) であると呼びます．

図1.3のように，Ω のうち，A 以外の部分を補事象 (compliment) と呼び A^c で表しますが，A と A^c は同時には起こりませんので，排反事象となっています．なお，Ω と ϕ とは互いに補事象である，すなわち，$\Omega^c = \phi$, $\phi^c = \Omega$ とします．

A と B のうち少なくとも一方が起こることを和事象 (union of events) と呼び，$A \cup B$ で表します．また，A と B の両方が起こることを積事象 (intersection of events) と呼び，$A \cap B$ で表します (図1.4 (a), 1.4 (b))．排反事象では

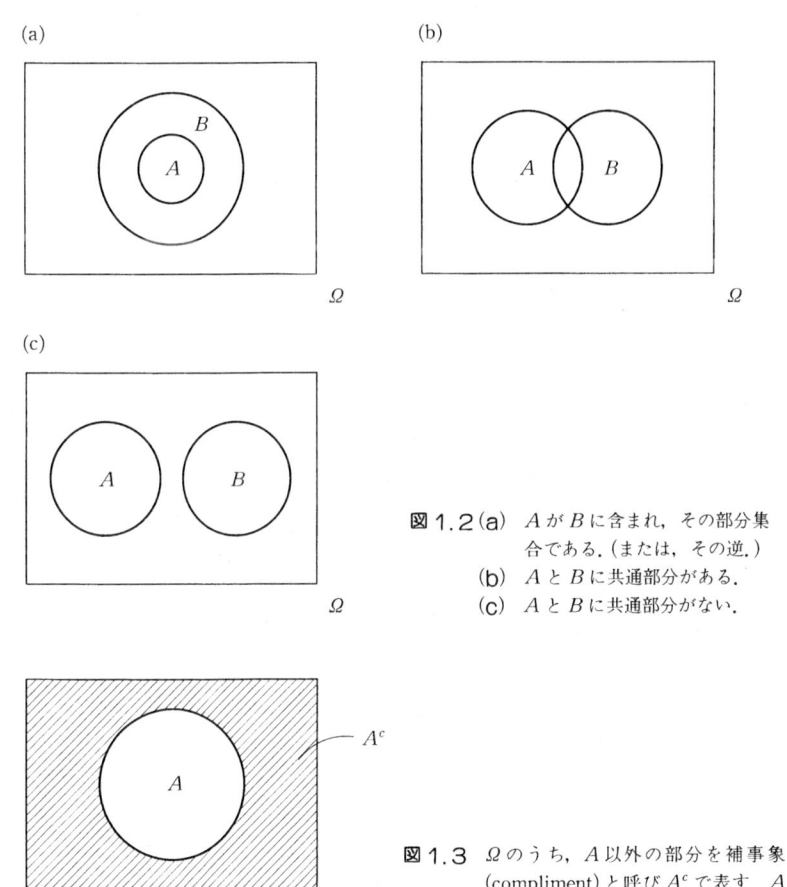

図1.2 (a) A が B に含まれ，その部分集合である．(または，その逆．)
(b) A と B に共通部分がある．
(c) A と B に共通部分がない．

図1.3 Ω のうち，A 以外の部分を補事象 (compliment) と呼び A^c で表す．A と A^c は，排反事象となっている．

$A \cap B = \phi$ となります．

3つの事象 A, B, C については，次の分配法則が成り立ちます．

(1.1)
$$(A \cup B) \cap C = (A \cap C) \cup (B \cap C)$$
$$(A \cap B) \cup C = (A \cup C) \cap (B \cup C)$$

和事象，積事象の名のとおり，∪ には足し算，∩ には掛け算の性質がありますが，分配法則は (通常の数の計算と異なり) 両者について成り立ちます．

また，和事象，積事象の補事象に関しては，ド・モルガンの法則 (de Morgan's law)

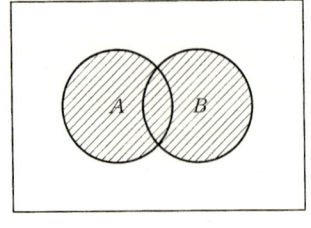
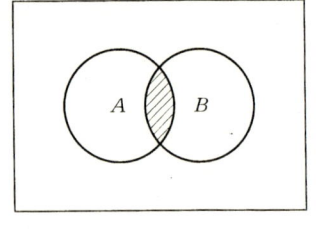

図1.4(a) A と B のうち少なくとも一方が起こることを和事象と呼び，$A \cup B$ で表す．

図1.4(b) A と B の両方が起こることを積事象と呼び $A \cap B$ で表す．

(1.2)
$$(A \cup B)^c = A^c \cap B^c$$
$$(A \cap B)^c = A^c \cup B^c$$

が成り立ちます．

1.2 確率

1.2.1 確率の公理に基づく定義と加法定理

確率は事象の起こりやすさを示します．事象 A の起こる確率は，probability の頭文字をとって，$P(A)$ で表されます．ロシアの数学者コルモゴロフ (Kolmogorov, A. N., Колмогоров, Андри Николаевич, 1903～87) は，他の数学の分野での問題と同様，公理に基づいて確率を理論的な体系として説明することに成功しました．この確率の公理に基づく定義について説明します．確率では次の3つの公理を設定します．

 i) すべての事象 A に対して，$0 \leq P(A) \leq 1$

 ii) $P(\Omega) = 1$

 iii) 互いに排反である可算個の事象 $A_1, A_2, A_3, \cdots$ に対して，$P(A_1 \cup A_2 \cup A_3 \cup \cdots) = P(A_1) + P(A_2) + P(A_3) + \cdots = \sum_i P(A_i)$ (加える事象の数は，無限個でもかまいませんが，数えることのできる可算個でなければなりません．)

以後の確率に関する議論は，すべて，この公理に基づいています．ベン図において，長方形の面積を1とすると，$P(A)$ は A の面積に対応しています．

また，一般の和事象 $A \cup B$ に関しては，加法定理

$$(1.3) \quad P(A \cup B) = P(A) + P(B) - P(A \cap B)$$

が成り立ちます．これは，ベン図で $A \cup B$ の面積を求めることに対応しています．（なお，A, B が排反事象である場合は，$A \cap B = \phi$ ですので，$P(A \cap B) = P(\phi) = 0$ です．）

1.2.2 確率論の歴史的な背景
a. ラプラスによる古典確率論

現在の確率論は，前項で述べた公理に基づいて定義されていますが，ここで，簡単に，その歴史の背景について説明します．（これらは，確率を理解する上で役に立つと思われます．）初期には，確率は，カードやサイコロを使ったゲームの賭けや保険といった分野で主に研究されてきました．これを体系的にまとめたのが，ラプラス (Laplace, Pierre Simon, 1749～1827) です．n 個の根元事象があり，これらは同等に起こりやすいとします．いま，事象 A が r 個の根元事象を含むとします．ラプラス流の定義は，A の起こる確率は，

$$P(A) = \frac{r}{n}$$

となるというものです．

たとえば，（ジョーカーを除いた）1組52枚のトランプがあったとし，この中から1枚のカードを引いたとします．この場合，引いたカードが「ハート」である確率を考えてみましょう．「ハート」は13枚ですので，

「ハート」の確率 = 13/52 = 1/4

となります．また，「エース」である確率は，「エース」は4枚ですので，

「エース」の確率 = 4/52 = 1/13

となります．

1/4 の面積を白，3/4 の面積を黒に塗り分けた的に遠くから矢を射た場合，当たる確率は，その面積に比例するとして，

「白」に当たる確率 = 1/4, 「黒」に当たる確率 = 3/4

とするのも，「各点において（点には面積がありませんので，正確には各点を中心に小さな円を考えます），同等に当たりやすい」といった考えに基づいています．

この考え方に基づけば，確率は，順列の数や組み合わせの数の数え上げや，面積の計算から求めることが可能です．しかしながら，最大の問題点は「これらは同等に起こりやすい」としていることです．これらは，確かめられたわけではな

く，先験的確率と呼ばれます．当然のことながら，「これらは同等に起こりやすい」ということは，常に成り立つわけではありません．このため，この考え方では，「同等に起こりやすい」ということが，ほぼ，確かであると考えられるゲームやくじといった分析には十分といえますが，その他の複雑な事象の分析を行えないということになります．

　なお，ゲームにおいても，本当に「同じぐらい起こりやすい」かどうかは，大きな問題となります．たとえば，サイコロがあったとして，本当に1から6の目の出る確率は等しいのでしょうか．（イカサマ用にわざと一部を重くして，ある目を出やすくした場合などは考えないとしても）材質が均質でなく重心が狂っていたり，各面の加工が不均一である場合などは，各目の出る確率は異なってきます．高級なサイコロでは，これらを考慮して作製されていますので，ほぼ妥当であると考えられますが，安物のサイコロでは，1から6の目の出る確率は等しいとはみなせない場合があります．

　どのように材質や加工に注意しても，完全に各目の出る確率を等しく1/6とするのは不可能で，どうしても誤差がでてしまいます．問題となるのは，その誤差が許容範囲にあるかどうかです．その許容範囲は，目的に応じて異なってきます．我々が，ゲームでサイコロを使う場合は，確率に1/100程度の誤差があっても十分でしょう．カジノでは，そんなサイコロでは使いものにならず，さらに正確なサイコロ（誤差が1/1000や1/10000）などが必要でしょう．常により正確なサイコロの方を使えばよいように思われますが，サイコロの値段を忘れないでください．カジノなどで使われるサイコロは，市販のものに比べてはるかに高価なものとなっています．（なお，念のためつけ加えると，ラスベガスなどの一流のカジノでは，長年の訓練によって，ディーラーはサイコロの好きな目を出したり，ルーレットで好きな番号に玉を入れることができますので，単純な確率分析では勝つことはできません．勝つためには，ディーラーの心理状態を読んで賭ける必要がありますが，素人には到底無理です．アマはプロには絶対に勝てません．カジノでの賭けは，旅行の楽しみ程度にとどめるのが無難です．）

　米国では数字を当てる賭けが盛んです．当選は，数字を書いたいくつかのピンポン玉を選ぶ方法によって行われますが，ピンポン玉に細工が施されたという事件もありました．また，日本においても，宝くじなどの当選決定には，「数字を書いた円盤を回転させ，それを遠距離から矢で射る」という複雑な方式が取られ

ています．ゲームにおいても，「同じぐらい起こりやすい」とみなせるようにし，ゲームの公平性を実現することは，簡単ではなく，相応のコストのかかることがわかります．

b. 経験確率

前項の定義は，「同等に起こりやすい」との仮定に基づいていますが，常に成り立つわけではありません．たとえば，賭けの場合でも，サッカーくじの「toto」などでは，各チームの強弱があり，勝率はチームによって大きく異なります．経験確率の立場からは，起こった頻度によって，確率を定義しようとします．コインを n 回投げて，「表」が r 回出たとします．行った回数は試行回数，目的のことがらの起こった回数（この場合は「表」がでること）は，生起回数と呼ばれています．$n \to \infty$ とすると，

$$\frac{r}{n} \to \frac{1}{2}$$

となる場合，表の出る確率が1/2であるとするのが，経験確率に基づく確率の定義です．

一般的には，n 回の試行で事象 A が r 回起こったとします．$n \to \infty$ とすると

$$\frac{r}{n} \to p_a$$

となった場合，

$$P(A) = p_a$$

と定義します．

この定義では，「同等に起こりやすい」と仮定する必要はありません．しかしながら，無限回(!)試行を行わないと確率が定義できないことになってしまい，数学的には完全なものとなりません．

前項で述べた，公理に基づく確率論は，これらの問題を避け，数学的な体系をつくることに成功しています．公理に基づく確率論は，古典確率論や経験確率の考え方などを背景とし，これらを数学的な体系として説明することを目的としていることは述べるまでもありません．（それぞれの根元要素が起こる確率が等しければ，古典確率論の考え方と同一の結果となりますし，また，経験確率の考え方は，大数の法則と呼ばれる重要な定理となっています．）

1.2.3 条件付確率と乗法定理

いま，つぼに，同じ大きさ，重さ，手触りの玉(ビリヤードの玉を想像してください)の白玉を3個，赤玉を3個入れたとします．玉には，「1」と「2」の数字が書いてあり，白玉は「1」が2個，「2」が1個，赤玉は「1」が1個，「2」が2個であるとします．つぼから取り出される確率はすべての玉で等しく，1/6ずつとします(図1.5)．1つ玉を取り出して，数字を当てる賭けを行ったとします．何もわからなければ，「1」，「2」とも1/2の確率でどちらが得ということはありません．

いま，玉を取り出すとき，色が見え白玉であることがわかったとします．白玉は，「1」は2個，「2」は1個ですので，「1」の確率が2/3，「2」の確率が1/3で，「1」に賭けるのが有利となります．このように，事象B(白玉である)が起こった場合に事象A(数字が「1」である)が起こる確率を，Bを条件とするAの条件付確率(conditional probability)と呼び，$P(A|B)$で表します．条件付確率$P(A|B)$は，

(1.4) $$P(A|B) = \frac{P(A \cap B)}{P(B)}$$

となります．また，式(1.4)を

(1.5) $$P(A \cap B) = P(B)P(A|B)$$

としたものを乗法定理と呼びます．AとBを入れ替えると，

(1.6) $$P(A \cap B) = P(A)P(B|A)$$

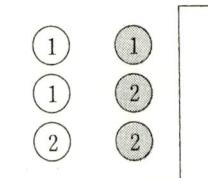

図1.5 つぼに，同じ大きさ，重さ，手触りの玉の白玉を3個，赤玉を3個入れる．玉には，「1」と「2」の数字が書いてあり，白玉は「1」が2個，「2」が1個，赤玉は「1」が1個，「2」が2個であるとする．つぼから取り出される確率はすべての玉で等しく，1/6ずつとする．

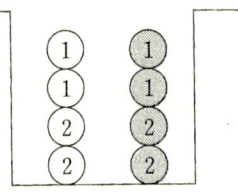

図1.6 つぼの玉を，白玉・赤玉とも，「1」が2個，「2」が2個となるように，白玉4個，赤玉4個としたとする．

と書くこともできます．

1.2.4 独　　　立

確率論において，重要な概念に独立性があります．つぼの玉を，図1.6のように，白玉4個，赤玉4個としたとします．今度は白玉・赤玉とも，「1」が2個，「2」が2個です．この場合，白玉であることがわかっても「1」，「2」とも確率1/2ですので，色の情報は賭けに役立ちません．このように，事象 A（数字が「1」である）の起こる確率が事象 B（白玉である）が起こったかどうかに影響されない場合，すなわち，

$$(1.7) \qquad P(A|B) = P(A)$$

となる場合，事象は独立(independent)であるといいます．これを乗法定理の式に代入すると，

$$(1.8) \qquad P(A \cap B) = P(A)P(B)$$

となりますが，以後はこれを独立の定義とします．（$B = \phi$ であるとすると B は起こらないことですので，起こった場合を考えることはできません．一方，式(1.8)は $P(A) = 0, P(B) = 0$ の場合も含んでいるので，定義が広くなっています．）

積事象を各々の事象の起こる確率の積として計算できるのは，事象が独立の場合だけです．いま，ある工場で，「誤った原料を投入する」という失敗（事象 A）と「生産設備の非常停止のスイッチを入れない」という失敗（事象 B）の2つの失敗が起きた場合に大事故が起こるとします．各々の失敗を起こす確率は作業1回当たり，1万分の1であるとします．大事故が起こる確率が$(1/1万) \times (1/1万)$ = 1/1億，すなわち，1億分の1となるのは両者が独立の場合だけです．独立でない場合は，あくまでも式(1.5)，(1.6)の乗法定理の式を使わなければなりません．ある失敗を起こすと，生産設備のオペレータは慌てて，普通の操作ができなくなる場合があります．したがって，$P(B|A)$ は1万分の1でなく大きな値となり，事故の起こる確率は1億分の1よりずっと大きくなるのが普通です．

誤った公式の使用によって，事故の起こる確率が過小評価されており，安全性が過大評価されている場合も多くありますので，積事象の確率の計算には十分な注意を払ってください．

なお，3つの事象 A, B, C が独立であるとは，

$$P(A \cap B) = P(A)(B)$$
$$P(B \cap C) = P(B)P(C)$$
(1.9)
$$P(C \cap A) = P(C)P(A)$$
$$P(A \cap B \cap C) = P(A)P(B)P(C)$$

となる場合です．（4つ以上も同様です．）

〈例〉

あるプレーヤーの勝率を1/2とし，4連勝すると賞品を貰え，ゲームが終了するとします．（それまでの結果は問いません．また，他のプレーヤーの成績は関係ないものとします．）各試合の結果は独立であるとします．最大で9回まで試合をすることができるとした場合，賞品を貰える確率を計算してみましょう．（以下，○は勝ち，×は負け，△はどちらでもよい．）

4回戦で貰えるのは，最初に4連勝する場合で，確率は $(1/2)^4 = 1.16 = 0.0625$

5回戦で貰えるのは，×○○○○の場合で，確率は $(1/2)^5 = 1/32 = 0.03125$

6回戦で貰えるのは，△×○○○○の場合で，確率は $(1/2)^5 = 1/32 = 0.03125$

7回戦で貰えるのは，△△×○○○○の場合で，確率は $(1/2)^5 = 1/32 = 0.03125$

8回戦で貰えるのは，△△△×○○○○の場合で，確率は $(1/2)^5 = 1/32 = 0.03125$

です．6～8回戦は最後の5試合が×○○○○となっていれば，最初のほうの結果は勝ち負けのいずれでもよいため，5～8回戦の確率は等しくなっています．

次に9回戦で貰える場合を考えてみます．5～8回戦の場合と同様，最後の5試合は×○○○○でなければなりませんが，最初の4回は何でもよいわけではありません．最初に4連勝するとゲームが終了してしまいますので，この結果を除かなければならず，確率は，

$$(1 - 1/16) \times (1/2)^5 = 15/512 = 0.029296875$$

です．これらは排反事象ですので，9回戦までで賞品を貰える確率は，

$$(1/2)^4 + 4 \times (1/2)^5 + 15/512 = 111/512 = 0.216796875$$

で，2割強程度あることになります．

1.2.5 ベイズの定理

原因となる事象を B，その結果起こる事象を A とします．B は原因，A は結果ですので，B が起こった場合に A の起こる条件付確率 $P(A|B)$ を考えるのが自然です．しかしながら，結果から原因を知りたい場合もあります．たとえば，

医師が患者の症状からその原因となっている病気を知りたい，河川などで検出された環境物質から汚染源を特定したい，市場に出荷された農作物を調べてその原産地が正しく表示されているかどうかを知りたいなどです．このような場合，Aを条件とするBの条件付確率$P(B|A)$が必要となります．通常，実験や調査などで求められるものは$P(A|B)$ですので，$P(A|B)$から$P(B|A)$を計算する公式が必要となります．

式(1.5)，(1.6)の乗法定理から

(1.10) $$P(B)P(A|B)=P(A)P(B|A)=P(A\cap B)$$

ですので，

(1.11) $$P(B|A)=\frac{P(A|B)P(B)}{P(A)}$$

となります．

ここで，原因となる事象は$B_1, B_2, \cdots, B_k$のk個であり，これらの事象は互いに排反な事象で，これら以外の事象は起こらない，すなわち，

(1.12) $$B_i \cap B_j = \phi, \quad i \neq j$$
$$\bigcup_{i=1}^{k} B_i = B_1 \cup B_2 \cup \cdots \cup B_k = \Omega$$

であるとします．事象の分配法則から

(1.13) $$A = A \cap \Omega = A \cap (B_1 \cup B_2 \cup \cdots \cup B_k)$$
$$= (A \cap B_1) \cup (A \cap B_2) \cup \cdots \cup (A \cap B_k)$$
$$= \bigcup_{i=1}^{k} (A \cap B_i)$$

です．$B_1, B_2, \cdots, B_k$は排反事象ですので，

(1.14) $$P(A)=P\left[\bigcup_{i=1}^{k}(A\cap B_i)\right]=\sum_{i=1}^{k}P(A\cap B_i)=\sum_{i=1}^{k}P(A|B_i)P(B_i)$$

となります．

式(1.14)を式(1.11)に代入すると，$P(B_i|A)$を求める式

(1.15) $$P(B_i|A)=\frac{P(A|B_i)P(B_i)}{\sum_{i=1}^{k}P(A|B_i)P(B_i)}$$

が得られますが，これは，ベイズの定理(Bayes' theorem)と呼ばれます．$P(B_i)$はB_iの事前確率(prior probability)，$P(B_i|A)$は事後確率(posterior probability)と呼ばれます．

⟨例⟩
　B_1 を細菌1による感染症，B_2 を細菌2による感染症，B_3 をいずれにも感染しておらず健康である，とします．（他の病気の要因はなく，細菌1,2には同時に感染することはないとします．）A を高熱を出すという症状とし，

$$P(A|B_1)=\frac{1}{2}, \quad P(A|B_2)=\frac{3}{4}, \quad P(A|B_3)=0$$

であるとします．この地域での2つの病気の感染確率は等しく，$P(B_1)=P(B_2)=p$ であるとします．高熱を出している患者がいた場合，事後確率はベイズの公式から，

$$P(B_1|A)=\frac{P(A|B_1)P(B_1)}{\sum_{i=1}^{k}P(A|B_i)P(B_i)}=\frac{2}{5}$$

$$P(B_2|A)=\frac{P(A|B_2)P(B_2)}{\sum_{i=1}^{k}P(A|B_i)P(B_i)}=\frac{3}{5}$$

$$P(B_3|A)=\frac{P(A|B_3)P(B_3)}{\sum_{i=1}^{k}P(A|B_i)P(B_i)}=0$$

となります．

1.3　順列の数と組み合わせの数の計算

　確率の計算では，順列の数や組み合わせの数の計算が重要となっています．ここでは，これらについて説明します．

1.3.1　順　列　の　数

　取る順番をも考慮して，n 個のものから r 個取る順列の数 (permutation) は，何通りあるでしょうか．最初は n 個のものいずれでもかまいませんので，n 通りあります．次はすでに1個取っていますので，$n-1$ となります．その次は，2個すでに取っていますので $n-2$ となり，r 個まで順に取っていくと，n 個から r 個取る順列の数 $_nP_r$ は，結局，

(1.16) 　　　　$_nP_r=n(n-1)(n-2)\cdots(n-(r-1))=\dfrac{n!}{(n-r)!}$

となります．$n!$ は n の階乗 (factorial) で，$n!=n(n-1)(n-2)\cdots 3\cdot 2\cdot 1$ で，$0!$ は1と定義します．

1.3.2 組み合わせの数の計算

順列の数では取る順番を考慮して,すなわち,(A, B, C) や (B, C, A) や (C, A, B) は異なるとして,数を計算しました.しかしながら,最終的に A, B, C が得られるということでは同一です.では,取る順番は考慮せず,n 個から r 個を選んだ場合の異なる最終結果の可能な数,すなわち,組み合わせの数(combination)はいくつでしょうか.n 個から r 個選ぶ組み合わせの数は $_nC_r$ で表されます.n 個から r 個選ぶ順列の数は $_nP_r$ ですが,同一の組み合わせに対しては,取る順番によって $r!$ 個の異なる取り方がありますので,

(1.17) $$_nC_r = \frac{_nP_r}{r!} = \frac{n!}{(n-r)!\,r!}$$

となります.

ここで,$(p+q)^n$ を考えると,

(1.18) $$(p+q)^n = \sum_{i=0}^{n} {_nC_r}\, p^r q^{n-r}$$

ですので(これは,二項定理(binomial theorem)と呼ばれています)$_nC_r$ は二項定数とも呼ばれます.

〈例〉

いま,つぼに,赤玉3個,白玉2個の合計5個の玉が入っていたとします.この中から,3個を取り出す場合,その組み合わせの数は,$_5C_3 = 5!/2!3! = 10$ です.このうち,赤玉が2個,白玉が1個となる組み合わせの数は,(赤玉は3個から2個,白玉は2個から1個を選ぶので) $_3C_2 \times {_2C_1} = 3 \times 2 = 6$ です.

1.3.3 Excelによる順列の数,組み合わせの数の計算

Excelには,$n!, {_nP_r}, {_nC_r}$ を計算する関数が組み込まれており,それぞれ

FACT(n)

PERMUT(n, r)

COMBIN(n, r)

で計算することができます.Excelはあらゆる分野で使われており,Excelを使いこなせることは,現在では必要不可欠となっています.Excelについて詳しくない方は,拙著『Excelによる統計入門(第2版)』などで使い方をマスターしてください.なお,区別のため,以後,本書では,Excelでキーボードから入力する部分は,太字で示すこととします.(区別のためですので,太字で入力する必

	A	B	C	D
1	順列数と組み合わせ数の計算			
2				
3	n	5		
4	r	2		
5				
6	n!	120		
7	r!	2		
8	(n−r)!	6		
9				
10	順列数	20	n!/(n−r)!	20
11	組み合わせ数	10	n!/{(n−r)!r!}	10

図 1.7　Excel の FACT, PERMUT, COMBIN を使って順列の数 $_nP_r$，組み合わせの数 $_nC_r$ を計算する．

要はありません．)

　Excel を起動してください．A1 に**順列数と組み合わせ数の計算**と入力してください．A3 に **n**，B3 に **5**，A4 に **r**，B4 に **2** と入力してください．まず，$n!$，$r!$，$(n-r)!$ を計算してみます．A6 に **n!**，A7 に **r!**，A8 に **(n−r)!**，B6 に ＝**FACT(B3)**，B7 に ＝**FACT(B4)**，B8 に ＝**FACT(B3−B4)** と入力してください．$n!=5!=120$，$r!=2!=2$，$(n-r)!=3!=6$ となります．次に順列の数 $_nP_r$，組み合わせの数 $_nC_r$ を計算します．A10 に**順列数**，A11 に**組み合わせ数**，B10 に ＝**PERMUT(B3, B4)**，B11 に ＝**COMBIN(B3, B4)** と入力してください．$_nP_r=\ _5P_2=20$，$_nC_r=\ _5C_2=10$ となります．

　さらに，C10 に **n!/(n−r)!**，C11 に **n!/{(n−r)!r!}**，D10 に ＝**B6/B8**，D11 に ＝**B6/(B7*B8)** と入力して，$_nP_r=n!/(n-r)!$，$_nC_r=n!/\{r!(n-r)!\}$ となっていることを確認してください．

1.4　演習問題

1． 3個のサイコロを同時に投げるとします．
ⅰ）最大の値が4の確率を求めてください．
ⅱ）目の合計が10以下となる確率を求めてください．

2． つぼに赤玉4個と白玉6個が入っているとします．いま，つぼから1個ずつ順に玉を取り出していくとします．玉はつぼに返さず，各玉を取り出す確率は等しいとします．
ⅰ）4個取り出した場合，赤玉2個，白玉2個となる確率を求めてください．
ⅱ）ちょうど，5回目にすべての赤玉を取り出す確率を求めてください．

iii) 6回目以内にすべての赤玉を取り出す確率を求めてください．

3. 1組52枚のトランプから，5枚を取り出したとします．各札を取り出す確率は等しいとします．
i) エースが2枚以上含まれている確率を求めてください．
ii) キングが1枚，クィーンが1枚含まれている確率を求めてください．
iii) スリーカード（同一の札が3枚そろう）となる確率を求めてください．

4. 表，裏が出る確率の等しいコインを投げるゲームを行うとします．
i) 表が先に4回出たら勝ち，裏が先に5回出たら負けとします．このゲームで勝つ確率を求めてください．
ii) 連続4回表がでた場合勝ちとします．10回までに勝ちとなる確率を求めてください．

5. あるプレーヤーの勝率は，前回の結果に依存し，前回勝った場合0.6，負けた場合0.4となるとします．（引き分けは考えないものとします．）初戦の勝率は0.5とします．
i) このプレーヤーが初戦から3連勝する確率を求めてください．
ii) 5戦以内に3連勝以上する確率を求めてください．
iii) 5戦して3勝以上する確率を求めてください．

6. 安全のため，ある装置に2つの電源をつなぐとします．この装置は，2つの電源が同時に切れた場合のみ停止するとします．一方の電源が切れた場合，他方の電源からの電流は2倍になるとします．電源の切れる確率は，流れる電流の2乗に比例するとします．通常の電流で，電源が切れる確率を a とします．この装置の停止する確率を0.0001以下にするために必要な a の値を求めてください．

7. ある産物には，A型，B型の2種類があるとします．3つの産地で，A型，B型の比は，産地1が2:1，産地2が1:1，産地3が1:2とします．また，市場への出荷の割合は，産地1が20%，産地2が30%，産地3が50%であるとします．いま，同一の産地から出荷されたが，産地が不明の産物5個があり，A型3個，B型2個であったとします．
i) 各産地ごとに5個がA型3個，B型2個となる確率を求めてください．
ii) 産地ごとに事後確率を求めてください．

2. 確率変数

　前章では，確率の基礎を説明しましたが，実際の確率の計算には確率変数が使われます．数学的には，確率変数 X は実数値をとり，標本空間 Ω 上で定義され，$\{\omega|X(\omega)<x\}$ がすべての実数 x で可測 (measurable) となる変数です．しかし，この段階では，確率変数はとる値とその確率が与えられたものと理解しておいてください．(詳細は後ほど説明します．) その確率の散らばり方を確率分布と呼びます．確率分布には，離散型と連続型がありますので，まず，離散型の確率変数について説明し，次いで連続型について説明します．また，Excel にはこれらの確率分布を計算する関数が用意されていますが，それらについても説明します．

2.1　離散型の確率分布

　一枚のコインがあり，形のゆがみなどがなく，投げた場合表裏とも同じにでやすい，すなわち，いずれも確率 1/2 であるとします．コインを投げて表が出ると1点，裏が出ると0点とします．X をコイン投げの結果とすると，X は0を確率 1/2 で，1を確率 1/2 でとることになります．このように，とりうる値 (この場合は 0 と 1) ごとにその確率 (この場合は 1/2 ずつ) が与えられている変数を確率変数，確率の散らばり方を確率分布と呼びます．本書では，確率変数は大文字を使って表します．このコインを2度投げてその合計得点を考えるとすると，とりうる値は，0, 1, 2 となり，その確率は $(1/4, 1/2, 1/4)$ となります．なお，確率は0以上1以下で，すべてのとりうる値について合計すると必ず1となります．

　一般に確率変数 X が k 個の異なる値 $\{x_1, x_2, \cdots, x_k\}$ をとる場合，確率変数は離散型 (discrete type) と呼ばれます．(k は無限大である場合もありますが，とりうる値が自然数 $\{0, 1, 2, \cdots\}$ などのようにとびとびで数えられる可算集合である必要があります．) $X = x_i$ となる確率

(2.1) $$P(X=x_i)=f(x_i), \qquad i=1,2,\cdots,k$$
を X の確率分布 (probability distribution) と呼びます.ここまでは,x_i のようにとりうる値に添え字を付けましたが,以後は表記と説明を簡単にするために添え字を省略して,とりうる値をただ単に x と表します.各点における確率は x の関数ですので,$f(x)$ は確率関数 (probability function) と呼ばれます.

確率変数 X がある値 x 以下である確率
(2.2) $$F(x)=P(X\leq x)$$
を累積分布関数 (cumulative distribution function,または単に分布関数 (distribution function)) と呼びます.離散型の確率変数の場合,
(2.3) $$F(x)=\sum_{u\leq x}f(u)$$
です.$\sum_{u\leq x}$ は x 以下のとりうる値に対する和を表しています.X のとりうる値以外でも $F(x)$ はすべての値に関して定義可能で,とりうる値で階段状にジャンプしています.また,$F(x)$ は次の性質を満足します.

i) $F(x)$ は x の単調増加関数であること.すなわち,$x_1<x_2$ であれば,$F(x_1)\leq F(x_2)$
ii) $F(x)$ は x が $-\infty$ の場合 0,∞ の場合 1.すなわち,$\lim_{x\to-\infty}F(x)=0$ および $\lim_{x\to\infty}F(x)=1$
iii) $F(x)$ は右側から連続.すなわち,$\lim_{\varepsilon\downarrow 0}F(x+\varepsilon)=F(x)$($\varepsilon\downarrow 0$ は ε が大きい方,すなわち,正の値から 0 に近づくことを意味します.)

確率分布の特徴を表すものとして広く使われるものに,代表値と散らばりの尺度があります.(分布の位置を表す) 代表値としては,期待値 (expected value) (または平均 (mean) と呼ばれます),中央値 (メディアン,median),モード (最頻値,mode) などがあります.期待値は
(2.4) $$E(X)=\sum_x xf(x)$$
で定義されます.$\sum_x$ はすべてのとりうる値での和を表しており,期待値はとりうる値のその確率を重みとした加重平均となっています.なお,以後,一般的な表示方法に従い,期待値を μ で表すことにします.

中央値 x_m は,ちょうど真ん中 (50%) の点で,
(2.5) $$P(X\leq x)=F(x)\geq 1/2$$
を満たす最小の x とします.また,モード (最頻値) x_0 は,確率関数 $f(x)$ を最大にする値で,この値をとる確率が最も高くなり,重要な意味をもちます.

一方,散らばりの尺度として最も一般的なものは,分散(variance)で,
$$(2.6) \qquad V(X)=\sum_x(x-\mu)^2 f(x)$$
で定義されます.分散は,$(x-\mu)^2$の重み付き平均となっています.以後,分散はσ^2で表します.分散σ^2の平方根σを標準偏差(standard deviation)と呼びます.

なお,一般に,離散型の確率変数Xの関数$g(X)$の期待値$E[g(X)]$は,
$$(2.7) \qquad E[g(X)]=\sum_x g(x)f(x)$$
となります.

2.2 離散型の確率分布の例

応用上も重要な離散型分布の例として二項分布,ポアソン分布,負の二項分布について説明します.

2.2.1 二項分布

a. 確率関数

表の出る確率が1/2,裏の出る確率が1/2であるコインを投げて,表が出ると1点,裏が出ると0点とします.このコインを2回投げたとします.各回の試行は独立であるとします.(このような試行をベルヌーイ試行(Bernoulli trial)と呼びます.)その合計得点をXとすると,とりうる値は$x=0, 1, 2$ですが,それぞれの得点となるのは,1回目,2回目の結果が(表(head)をH,裏(tail)をTで表します)

0点: (T, T)
1点: (H, T), (T, H)
2点: (H, H)

の場合です.1回目と2回目の試行は,独立ですので,(T, T), (H, T), (T, H), (H, H)となる確率は,すべて$(1/2)\times(1/2)=1/4$です.また,これら4つは互いに排反事象ですので,

$X=0$となる確率: 1/4
$X=1$となる確率: 1/4+1/4=1/2
$X=2$となる確率: 1/4

となります.

これを一般化して,表の出る確率がp,裏の出る確率が$q=1-p$であるコイン

を n 回投げたとします. $x=0, 1, 2, \cdots, n$ ですが, 各点に対する確率は,
$$(2.8) \qquad f(x) = {}_nC_x p^x q^{n-x} = {}_nC_x p^x (1-p)^{n-x}$$
で与えられます. この分布を二項分布(binomial distribution)と呼び, 本書では, $Bi(n, p)$ で表すこととします. 二項分布では, 期待値が $\mu = p$, 分散が $\sigma^2 = np(1-p)$ となっています. また, モードは, $p(n+1)-1 \leq x \leq p(n+1)$ を満たす整数となります.

b. Excelによる確率関数, 累積分布関数の計算

二項分布の確率関数, 累積分布関数の計算は組み合わせの数の計算を必要としますので, 複雑なようですが, Excelには, BINOMDIST という関数が用意されており, これらを簡単に計算することができます. BINOMDIST は,

BINOMDIST(x, n, p, 関数形式)

として使用します. 関数形式は, FALSE, または, TRUE で,

BINOMDIST(x, n, p, FALSE): 確率関数
BINOMDIST(x, n, p, TRUE): 累積分布関数

となります.

Excelを使って, $n=10$, $p=0.5$ の場合の確率関数, 累積分布関数の値を求めてみましょう. Excelを起動してください.

A1に**二項分布**, A3に**n**, B3に**10**, A4に**p**, B4に**0.5**と入力してください(図2.1). A6に **x** と入力して, A7からA17に0から10までの11個の数字を入力します. Excelには, 連続した数字を自動的に埋め込む機能がついていますので, これを使います. A7に**0**と入力し, アクティブセルをA7に戻します. メニューバーの[編集(E)]をクリックし, そのメニューから[ファイル(I)]→[連続データの作成(S)]を選択します. 「連続データ」のボックスが現れますので, 「範囲」を「列」に変更し, [停止値(O)]を**10**とします. [OK]をクリックすると, A7からA17に0から10までの数字が自動的に埋め込まれます. 次に, 確率関数 $f(x)$ を計算しますので, B6に **f(x)** と入力します. B7に**=BINOMDIST(A7, $B$3, $B$4, FALSE)**と入力し, これをB17までの範囲に複写します. 最後に, 累積分布関数 $F(x)$ を計算しますので, C6に **F(x)** と入力します. C7に**=BINOMDIST(A7, $B$3, $B$4, TRUE)**と入力し, これをC17まで複写して累積分布関数の値を求めてください. また, これを図2.2, 2.3のようにグラフにしてください. (図2.3のような, 累積分布関数のグラフをつくるのには, エ

	A	B	C
1	二項分布		
2			
3	n	10	
4	p	0.5	
5			
6	x	f(x)	F(x)
7	0	0.0010	0.0010
8	1	0.0098	0.0107
9	2	0.0439	0.0547
10	3	0.1172	0.1719
11	4	0.2051	0.3770
12	5	0.2461	0.6230

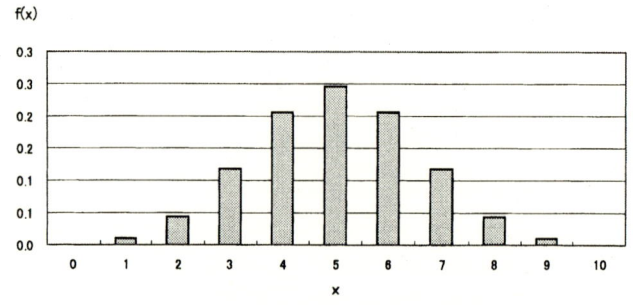

図 2.1 二項分布の確率関数 $f(x)$，累積分布関数 $F(x)$ の値を計算する．

図 2.2 二項分布 (n=10，p=0.5) の確率関数

夫が必要です．どのようにしたらよいかは，考えてみてください．)

勝率 5 割のゲームを 10 回行った場合，

0 勝 10 敗，10 勝 0 敗となる確率： 0.0010

1 勝 9 敗，9 勝 1 敗となる確率： 0.0098

2 勝 8 敗，8 勝 2 敗となる確率： 0.0439

3 勝 7 敗，7 勝 3 敗となる確率： 0.1172

4 勝 6 敗，6 勝 4 敗となる確率： 0.2051

5 勝 5 敗となる確率： 0.2461

であることがわかります．

二項分布の期待値 μ が np=7 となっていることを確認してみます．D6 に **x*f(x)** と入力してください (図 2.4)．D7 に **=A7*B7** と入力して，これを D17 まで複写します．A19 に $\boldsymbol{\mu}$，B19 に **=SUM(D7 : D17)** と入力して，期待値 5 を計

2.2 離散型の確率分布の例

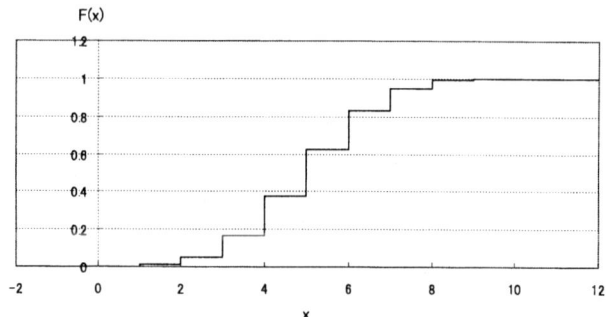

図2.3 二項分布 ($n=10$, $p=0.5$) の累積分布関数

	A	B	C	D	E
6	x	f(x)	F(x)	x*f(x)	(x−μ)^2*f(x)
7	0	0.0010	0.0010	0.0000	0.0244
8	1	0.0098	0.0107	0.0098	0.1563
9	2	0.0439	0.0547	0.0879	0.3955
10	3	0.1172	0.1719	0.3516	0.4688
11	4	0.2051	0.3770	0.8203	0.2051
12	5	0.2461	0.6230	1.2305	0.0000
13	6	0.2051	0.8281	1.2305	0.2051
14	7	0.1172	0.9453	0.8203	0.4687
15	8	0.0439	0.9893	0.3516	0.3955
16	9	0.0098	0.9990	0.0879	0.1563
17	10	0.0010	1.0000	0.0098	0.0244
18					
19	μ	5			
20	σ2	2.5			
21	中央値	5			
22	モード	5			

図2.4 二項分布の期待値 μ, 分散 σ^2, 中央値 x_m, モード x_0 を求める.

算します．次に，分散 σ^2 が $np(1-p)=2.5$ となっていることを確認してみます．E6 に =(x−μ)^2*f(x), E7 に =(A7−$B$19)^2*B7 と入力し，これを E17 まで複写します．A20 に **σ2**, B20 に **=SUM(E7:E17)** と入力し，分散 2.5 を計算してください．

累積分布関数 $F(x)$ の値は，$x=4$ で 0.3770，$x=5$ で 0.6230 ですので，中央値は $x_m=5$ となっています．また，確率関数 $f(x)$ は，$x=5$ で最大値 0.2461 をとりますので，モードも $x_0=5$ となっています．$p(n+1)-1 \leq x_0 \leq p(n+1)$ となっていることが確認できます．

2.2.2 ポアソン分布
a. 確率関数
　一定量(たとえば1kg)のウランのような半減期の長い元素があったとし，一定の観測時間内に何個の原子が崩壊するかその分布について考えてみましょう．個々の原子が観測時間内に崩壊する確率は非常に小さいのですが，非常に多くの原子があるため，適当な長さの観測時間をとればその時間内にいくつかの原子の崩壊が記録されます．

　このように二項分布において，対象となる n が大きいが，起こる確率(生起確率) p が小さく両方が釣り合って $np=\lambda$ を満足するケースを考えてみましょう．この場合，X の確率分布を二項分布から求めることは非常に困難ですが，$n\to\infty, p\to 0$ となった極限($np=\lambda$ は極限でも満足されるとします)の分布はポアソンの小数の法則(Poisson's law of small number)から

$$(2.9) \qquad f(x)=\frac{e^{-\lambda}\lambda^x}{x!}, \qquad x=0,1,2,3,\cdots$$

となることが知られています．この分布をポアソン分布と呼びます．ポアソン分布は二項分布の極限ですが，ポアソン分布は λ のみに依存しますので，n と p を個別に知る必要はありません．

　ポアソン分布は，一定時間内の放射性元素の崩壊数，事故の発生件数，不良品数，突然変異数など，個々の生起確率は小さいが分析対象が多くの要素からなる場合の分析に，自然科学，社会科学の分野を問わず広く用いられています．ポアソン分布は期待値が $\mu=\lambda$，分散が $\sigma^2=\lambda$ で，期待値と分散が一致しています．また，モード x_0 は，

$$x_0 = \begin{cases} 0, & \lambda<1 \\ \lambda を超えない最大の整数(整数の場合は \lambda-1 と \lambda の両方), & \lambda\geq 1 \end{cases}$$

となります．

b. Excelによる確率密度関数，累積分布関数の計算
　Excelでは，ポアソン分布の確率関数，累積分布関数は，POISSONで計算することができます．POISSONは，

　　POISSON(x, λ, 関数形式)

として使用します．関数形式は，FALSEまたはTRUEで，

　　POISSON(x, λ, FALSE)： 　確率関数

2.2 離散型の確率分布の例

POISSON(x, λ, TRUE): 累積分布関数

となります.

Excel を使って, $\lambda=3.5$ の場合の確率関数, 累積分布関数の値を求めてみましょう. A25 に**ポアソン分布**, A27 に **λ**, B27 に **3.5** と入力してください (図 2.5). A29 に **x** と入力して, A30 から A45 に 0 から 15 までの数字を入力します. 確率関数 $f(x)$ を計算しますので, B29 に **f(x)** と入力します. B30 に **＝POISSON(A30, $B$27, FALSE)** と入力し, これを B45 までの範囲に複写します. 最後に累積分布関数 $F(x)$ を計算します. C29 に **F(x)** と入力します. C30 に **＝POISSON(A30, $B$27, TRUE)** と入力し, これを C45 まで複写して累積分布関数の値を求めてください. これをグラフにすると図 2.6, 2.7 のようになります. ポアソン分布は $x=0, 1, 2, 3, \cdots$ の値をとりますが, この場合, 15 を超

	A	B	C
25	ポアソン分布		
26			
27	λ	3.5	
28			
29	x	f(x)	F(x)
30	0	0.03020	0.03020
31	1	0.10569	0.13589
32	2	0.18496	0.32085
33	3	0.21579	0.53663
34	4	0.18881	0.72544
35	5	0.13217	0.85761
36	6	0.07710	0.93471
37	7	0.03855	0.97326

図 2.5 ポアソン分布の確率関数 $f(x)$, 累積分布関数 $F(x)$ を計算する.

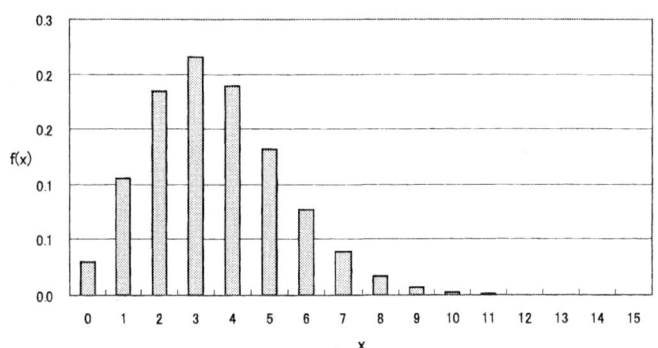

図 2.6 ポアソン分布 ($\lambda=3.5$) の確率関数

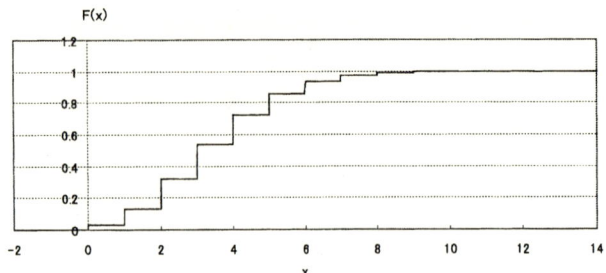

図 2.7　ポアソン分布 ($\lambda=3.5$) の累積分布関数

	A	B	C	D	E
29	x	f(x)	F(x)	x*f(x)	(x-μ)^2*f(x)
30	0	0.03020	0.03020	0.0000	0.369914792
31	1	0.10569	0.13589	0.1057	0.660559876
32	2	0.18496	0.32085	0.3699	0.416149409
33	3	0.21579	0.53663	0.6474	0.053943147
34	4	0.18881	0.72544	0.7552	0.047205889
35	5	0.13217	0.85761	0.6608	0.297385267
36	6	0.07710	0.93471	0.4626	0.481187044
37	7	0.03855	0.97326	0.2698	0.472231 42
38	8	0.01687	0.99013	0.1349	0.341523862
39	9	0.00656	0.99669	0.0590	0.198402169
40	10	0.00230	0.99898	0.0230	0.096987426
41	11	0.00073	0.99971	0.0080	0.041085288
42	12	0.00021	0.99992	0.0026	0.015391759
43	13	0.00006	0.99998	0.0007	0.005176332
44	14	0.00001	1.00000	0.0001	0.00156086
45	15	0.00000	1.00000	0.0001	0.000442473
46					
47					
48	期待値	3.5000			
49	分散	3.4999			
50	中央値	3			
51	モード	3			

図 2.8　期待値 μ, 分散 σ^2 を計算すると, 3.5 となる. (16 以上を無視しているのでわずかに誤差がでる.) また, 中央値 $x_m=3$, モード $x_0=3$ となっており, モードは λ を超えない最大の整数となっている.

える確率は非常に小さく, 0.000000918 です.

　この結果から必要な回線数などを決めることができます. たとえば, 電話によるコンサートへの申し込みの場合を考えてみましょう. 電話口での1人にかかる時間は申込者によらず一定で, その時間内に平均3.5人の電話があるとします. 電話がつながって, サービスを受けられる確率を90%以上にするには, 電話回線がいくつ必要でしょうか. (つながらない場合, 申込者が電話をかけ続けるといった影響は無視するものとします.) 累積分布関数の値をみると, $x=5$ で

0.85761, $x=6$ で 0.93471 ですので,このためには電話回線を6回線用意すればよいことになります.

演習として,二項分布と同様に,期待値 μ, 分散 σ^2 を計算し,これが3.5となっていることを確認してください.(16以上を無視していますのでわずかに誤差がでます.)また,図2.5の確率関数,累積分布関数の計算結果から,中央値 $x_m=3$, モード $x_0=3$ となっており,モードが λ を超えない最大の整数となっていることを確認してください(図2.8).

2.2.3 幾何分布と負の二項分布

a. 幾何分布

二項分布の場合と同様,表の出る確率が p, 裏の出る確率が $q=1-p$ であるコインを投げるベルヌーイ試行を行ったとします.表が出る(成功する)までコインを投げ続けるとします.(表が出た場合,終了することにします.)表がでるまでの回数を X とすると,とりうる値は $x=1,2,3,\cdots$ です.この場合,最後が表で,それまでの $x-1$ 回は,裏でなければなりませんので,確率関数は,

$$(2.10) \qquad f(x)=pq^{x-1}$$

となります.この分布を幾何分布と呼びます.

b. 負の二項分布の確率関数

幾何分布を拡張して,r 回表がでる(r 回成功する)までコインを投げ続けたとします.表が r 回でるまでに裏のでる回数(失敗の回数)を X とすると,この確率関数は,

$$(2.11) \qquad f(x)={}_{x+r-1}C_{r-1}p^r q^x, \qquad x=0,1,2,\cdots$$

となりますが,この分布は負の二項分布(negative binomial distribution)またはパスカル分布と呼ばれます.負の二項分布では,期待値が $\mu=rq/p$, 分散が $\sigma^2=rq/p^2$ となっています.

負の二項分布の名前の由来ですが,$(1-q)^{-r}$ のテーラー展開を考えると

$$(2.12) \qquad (1-q)^{-r}=1+\frac{r}{1!}q+\frac{r(r+1)}{2!}q^2+\cdots=\sum_{x=0}^{\infty}{}_{x+r-1}C_{r-1}q^x$$

です.これは,負の二項展開と呼ばれますが,q^x の係数は式(2.11)と同一ですので,この分布は,負の二項分布と呼ばれています.

なお,二項分布では $\mu>\sigma^2$, ポアソン分布では $\mu=\sigma^2$, 負の二項分布では $\mu<\sigma^2$ となっていることに注意してください.詳細は省略しますが,これらの分布

間には，密接な関係があり，カッズシステム(Katz System)と呼ばれる1つの方法で表すことが可能です．また，詳細は省略しますが，ポアソン分布において λ に後ほど説明するガンマ分布を仮定すると，負の二項分布が得られることが知られています．

c. Excelによる確率関数，累積分布関数の計算

Excelの負の二項分布の確率関数を求める関数は，NEGBINOMDISTで，NEGBINOMDIST(x, r, p)
として使用します．二項分布，ポアソン分布の場合と異なり，Excelには累積分布関数を直接求める関数はありませんので，確率関数の計算結果から求める必要があります．$r=4$，$p=0.65$の場合の確率関数，累積分布関数の値を求めてみましょう．R1に**負の二項分布**，R3に**r**，S3に**4**，R4に**p**，S4に**6.5**と入力してください(図2.9)．R6に**x**と入力して，R7からR27に0から20までの数字を入力してください．確率関数$f(x)$を計算しますので，S6に**f(x)**と入力します．S7に**=NEGBINOMDIST(R7, $S$3, $S$4)**と入力し，これをS27までの範囲に複写します．累積分布関数$F(x)$を計算しますので，T6に**F(x)**と入力します．T7に=S7，T8に**=T7+S8**と入力し，T8をT27まで複写して累積分布関数の値を求めてください．さらに，これをグラフにしてください(図2.10，2.11)．

二項分布，ポアソン分布の場合と同様に，期待値μ，分散σ^2を計算し，これが$rq/p=2.1538$，$rq/p^2=3.3136$となっていることを確認してください．(21以上を無視していますのでわずかに誤差がでます．)また，図2.9の確率関数，累積

	R	S	T	U	V
1	負の二項分布				
2					
3	r	4			
4	p	0.65			
5					
6	x	f(x)	F(x)	x*f(x)	$(\mu-x)^2$*f(x)
7	0	0.17851	0.17851	0.0000	0.8281
8	1	0.24991	0.42842	0.2499	0.9327
9	2	0.21867	0.64709	0.4373	0.0052
10	3	0.15307	0.80015	0.4592	0.1096
11	4	0.09375	0.89391	0.3750	0.3195
12	5	0.05250	0.94641	0.2625	0.4253
13	6	0.02756	0.97398	0.1654	0.4078

図2.9 負の二項分布の確率関数$f(x)$，累積分布関数$F(x)$を計算する．

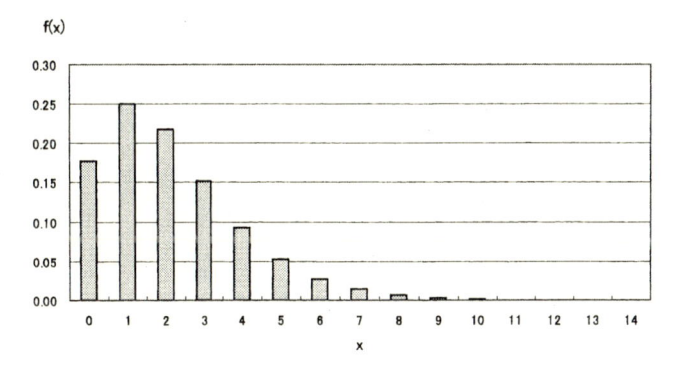

図 2.10 負の二項分布 ($r=4$, $p=0.65$) の確率関数

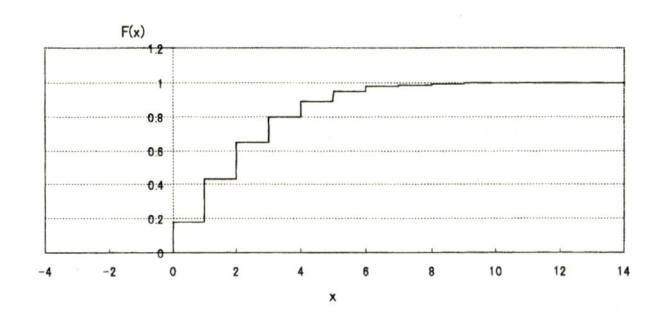

図 2.11 負の二項分布 ($r=4$, $p=0.65$) の累積分布関数

	R	S	T	U
30	期待値	2.1538	rq/p	2.1538
31	分散	3.3135	rq/p^2	3.3136
32	中央値	2		
33	モード	1		

図 2.12 期待値 μ, 分散 σ^2 を計算し, これが $rq/p = 2.1538$, $rq/p^2 = 3.3136$ となっていることを確認する. (21 以上を無視しているのでわずかに誤差がでる.) また, 確率関数, 累積分布関数の計算結果から, 中央値 $x_m=2$, モード $x_0=1$ となっていることが確認できる.

分布関数の計算結果から, 中央値 $x_m=2$, モード $x_0=1$ となっていることを確認してください (図 2.12).

2.3 連続型の確率分布

確率変数 X が長さ, 重さ, 面積などの連続する変数の場合, とりうる値は無限個あります. (無限といっても自然数の集合のように数えられる可算集合でな

く，数えられないほど点の密度が高い無限です．)とりうる各点に確率を与えていく方式ではすべての点の確率が 0 となってしまい，先ほどのようには定義できません．このような変数を連続型 (continuous type) の確率変数と呼びます．連続型の確率変数では，小さなインターバルを考えて，X が x から $x+\Delta x$ の間に入る確率 $P(x<X\leq x+\Delta x)$ を考えます．この値は Δx を小さくすると 0 へ収束してしまいますので，Δx で割って $\Delta x \to 0$ とした極限を $f(x)$，すなわち，

$$(2.13) \quad f(x) = \lim_{\Delta x \to 0} \frac{P(x<X\leq x+\Delta x)}{\Delta x}$$

とします．(本章では収束しない分布は考えません．) $f(x)$ は確率密度関数 (probability density function) と呼ばれ，X が a と b (a と b は $a<b$ を満足する任意の定数です) の間に入る確率は，$f(x)$ を定積分して

$$(2.14) \quad P(a<X\leq b) = \int_b^a f(x)dx$$

で与えられます．

また，累積分布関数 $F(x) = P(X\leq x)$ は

$$(2.15) \quad F(x) = \int_{-\infty}^x f(u)du$$

で，期待値 μ および分散 σ^2 は，

$$(2.16) \quad \begin{aligned} \mu &= \int_{-\infty}^{\infty} xf(x)dx \\ \sigma^2 &= \int_{-\infty}^{\infty} (x-\mu)^2 f(x)dx \end{aligned}$$

で与えられます．分散の平方根 σ は離散型の場合と同様，標準偏差と呼ばれます．

なお，一般に，連続型の確率変数 X の関数 $g(X)$ の期待値 $E[g(X)]$ は，

$$(2.17) \quad E[g(X)] = \int_{-\infty}^{\infty} g(x)f(x)dx$$

となります．

また，中央値 x_m は，

$$F(x) = 1/2$$

を満たす x，すなわち，

$$(2.18) \quad x = F^{-1}(1/2)$$

です．F^{-1} は F の逆関数です．いくつかの重要な分布に関して，Excel には逆

関数を計算する関数が用意されています。また、モード x_0 は、確率密度関数 $f(x)$ を最大にする値で、この値の周辺の値をとる確率が最も高くなります。

2.4 連続型の確率分布の例

ここでは、連続分布の重要な例として、指数分布、ガンマ分布、一様分布、ベータ分布、正規分布、対数正規分布、ワイブル分布、コーシー分布について説明します。

2.4.1 指数分布とガンマ分布

a. 指数分布

放射性の原子があったとします。指数分布 (exponential distribution) は、その原子が崩壊するまでの時間の分布を表します。確率密度関数は

$$(2.19) \qquad f(x) = \begin{cases} \lambda e^{-\lambda x}, & x \geq 0 \\ 0, & x < 0 \end{cases}$$

累積分布関数は、

$$(2.20) \qquad F(x) = \begin{cases} 1 - e^{-\lambda x}, & x \geq 0 \\ 0, & x < 0 \end{cases}$$

となります。

期待値 μ と分散 σ^2 は、

$$(2.21) \qquad \mu = 1/\lambda, \qquad \sigma^2 = 1/\lambda^2 = \mu^2$$

となります。x までに崩壊しない生存確率は $1 - F(x) = e^{-\lambda x}$ ですので、μ だけ時間がたつと生存確率は、$1/e = 1/2.7182\cdots = 0.3678\cdots$ となります。放射性の原子の場合、μ は平均寿命と呼ばれています。また、中央値は $x_m = -\log 2/\lambda$、モードは $x_0 = 0$ です。

ところで、先ほど説明したポアソン分布は、個々の生起確率は非常に小さいが、対象とする集団の構成要素数が非常に大きい場合に、一定の観測時間内にある現象が起こる回数の分布でしたが、指数分布は目的のことが起こってから、次に起こるまでの時間の分布を表しています。

b. ガンマ分布

ガンマ分布 (Gamma distribution) は指数分布を一般化したものです。その確率密度関数は、$\alpha > 0$ に対し、

(2.22) $$f(x) = \begin{cases} \dfrac{1}{\beta^\alpha \Gamma(\alpha)} x^{\alpha-1} e^{-x/\beta}, & x \geq 0 \\ 0, & x < 0 \end{cases}$$

で与えられます．$\Gamma(\alpha)$ はガンマ関数で，

(2.23) $$\Gamma(\alpha) = \int_0^\infty z^{\alpha-1} e^{-z} dz$$

です．ガンマ関数は，n の階乗 $n!$ を一般化したもので，α が正の整数の場合，

(2.24) $$\Gamma(\alpha) = (\alpha - 1)!$$

となり，また，

(2.25) $$\Gamma(1/2) = \sqrt{\pi}$$

です．$\Gamma(1) = 0! = 1$ ですので，$\alpha = 1$ の場合，この分布は指数分布 ($\lambda = 1/\beta$) となっています．本書では，ガンマ分布を $Ga(\alpha, \beta)$ と表すこととします．また，$X_1, X_2, \cdots, X_\alpha$ が独立で指数分布に従うとき（当然，α は正の整数とします），その和 $X_1 + X_2 + \cdots + X_\alpha$ の分布は $Ga(\alpha, \beta)$，$\beta = 1/\lambda$ となります．

累積分布関数は，α が整数の場合および $\beta = 1$ の場合，

(2.26) $$F(x) = \begin{cases} 1 - e^{-x/\beta} \left\{ \sum_{i=0}^{\alpha-1} \dfrac{(x/\beta)^i}{i!} \right\}, & \alpha \text{ が整数の場合} \\ \dfrac{1}{\Gamma(\alpha)} \int_0^x z^{\alpha-1} e^{-z} dz, & \beta = 1 \text{ の場合} \end{cases}$$

となります．($\int_0^x z^{\alpha-1} e^{-z} dz$ は不完全ガンマ関数と呼ばれています．)

ガンマ分布の期待値 μ および分散 σ^2 は，

(2.27) $$\mu = \alpha\beta, \qquad \sigma^2 = \alpha\beta^2$$

となります．また，$\alpha \geq 1$ の場合，モードは

(2.28) $$x_0 = (\alpha - 1)\beta$$

となります．

c. Excel による確率密度関数，累積分布関数の計算

Excel を起動してください．2.2 節で使用したファイルを使う場合は，シートを新しくして，「Sheet2」としてください．Excel のガンマ分布の確率密度関数，累積分布関数を求める関数は GAMMADIST で，

GAMMADIST(x, α, β, 関数形式)

として使用します．確率密度関数は，

GAMMADIST(x, α, β, FALSE)

で，累積分布関数は

GAMMADIST(x, α, β, TRUE)

で求めます．

$\alpha=2,7$，$\beta=2,8$ のガンマ分布の確率密度関数，累積分布関数を求めてみましょう．A1に**ガンマ分布**，A3に **α**，B3に **2.7**，A4に **β**，B4に **2.8** と入力してください（図 2.13）．この分布は，$\mu=\alpha\beta=7.56$，標準偏差 $\sigma=\sqrt{(\alpha,\beta^2)}\approx 4.6$ ですので，x の値として，0から25まで0.2の間隔で計算を行ってみます．A6に **x** と入力してください．A7に **0** と入力し，二項分布で説明したExcelの埋め込みの機能を使って，25まで0.2ごとに数字を埋め込んでください．（「増分値(S)」を **0.2**，「停止値(O)」を **25** とします．）次に，確率関数 $f(x)$ を計算します．B6に **f(x)** と入力します．B7に **=GAMMADIST(A7, \$B\$3, \$B\$4, FALSE)** と入力し，すべての範囲に複写します．最後に累積分布関数 $F(x)$ を計算します．C6に **F(x)** と入力します．C7に**=GAMMADIST(A7, \$B\$3, \$B\$4, TRUE)** と入力し，これをすべての範囲に複写して累積分布関数の値を求めてください．期待値 μ，分散 σ^2 を求めます．C3に**期待値**，C4に**分散**と入力します．D3に＝**B3*B4**，D4に＝**B3*B4^2** と入力して，$\mu=7.56$，$\sigma^2=21.168$ を求めてください．次に，中央値 x_m，モード x_0 を求めます．E3に**中央値**，E4に**モード**と入力します．ガンマ関数の逆関数を求める関数は，GAMMAINV です．F3に＝**GAM-**

	A	B	C	D	E	F
1	ガンマ分布					
2						
3	α	2.7	期待値	7.56	中央値	6.649943
4	β	2.8	分散	21.168	モード	4.76
5						
6	x	f(x)	F(x)			
7	0.0	0.00000	0.00000			
8	0.2	0.00242	0.00018			
9	0.4	0.00733	0.00113			
10	0.6	0.01360	0.00321			
11	0.8	0.02065	0.00662			
12	1.0	0.02810	0.01149			
13	1.2	0.03567	0.01787			
14	1.4	0.04316	0.02576			
15	1.6	0.05043	0.03512			
16	1.8	0.05736	0.04591			
17	2.0	0.06388	0.05804			
18	2.2	0.06994	0.07143			

図2.13 $\alpha=2.7, \beta=2.8$ のガンマ分布の確率密度関数，累積分布関数を GAMMADIST 関数を使って計算し，期待値，分散，中央値，モードを求める．

MAINV(0.5, B3, B4),F4 に ＝**(B3−1)*B4** と入力して,$x_m=6.650$,$x_0=4.76$ を求めてください.確率密度関数,累積分布関数の計算結果から,

  i) $x=6.6$ で $F(x)=0.4859<0.5$, $x=6.8$ で $F(x)=0.5047>0.5$ となり,$6.6<x_m<6.8$ となっていること,

 ii) $x=4.8$ で $f(x)$ が最大になっていること,

を確認してください.

 さらに,確率密度関数,累積分布関数を図 2.14,2.15 のようにグラフにしてください.また,α, β の値(B3, B4 の値)を変えて,グラフがどのように変化するか調べてください.

 次に,ガンマ関数を使って,式 (2.22) の定義から確率密度関数を計算してみましょう.まず,$\Gamma(\alpha)$ を計算します.G3 に $\Gamma(\alpha)$ と入力します(図 2.16).Excel の関数 GAMMALN は,ガンマ関数の自然対数値 $\log\{\Gamma(\alpha)\}$ を計算しますので,これを使います.H3 に ＝**EXP(GAMMALN(B3))** と入力してくださ

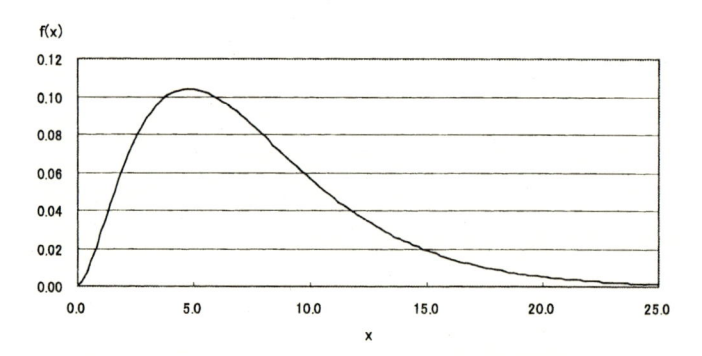

図 2.14 ガンマ分布($\alpha=2.7$,$\beta=2.8$)の確率密度関数

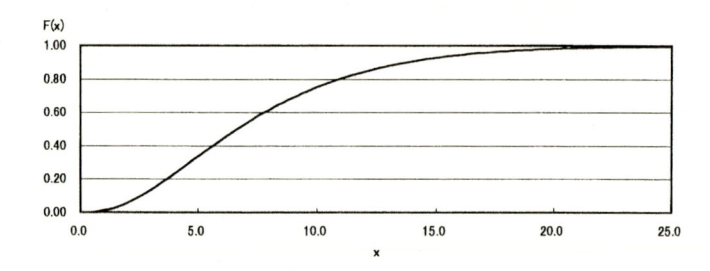

図 2.15 ガンマ分布($\alpha=2.7$,$\beta=2.8$)の累積分布関数

	D	E	F	G	H
3		7.56	中央値	6.649943	Γ(α)	1.5446858
4		21.168	モード	4.76	β^α	16.11858
5					
6	f(x):定義式からの計算	F(x):近似式からの計算			
7	0.00000	0			
8	0.00242	0			
9	0.00733	0.00048			
10	0.01360	0.00195			
11	0.02065	0.00467			
12	0.02810	0.00880			
13	0.03567	0.01442			
14	0.04316	0.02156			
15	0.05043	0.03019			

図2.16 式(2.22)の定義から確率密度関数を計算する．また，累積分布関数 $F(x)$ を近似式から求める．

い．$\Gamma(\alpha)=1.5446858$ となります．次に，β^α を計算しますので，G4 に $\beta\^\alpha$，H4 に＝**B4^B3** と入力してください．確率密度関数を計算します．D6 に **f(x)：定義式からの計算**，D7 に＝**A7^($B$3−1)*EXP(−A7/$B$4)/($H$3*$H$4)** と入力し，D7 をすべての範囲に複写してください．GAMMADIST を使った場合と同一の結果が得られます．

最後に，$F(x)$ を近似式

$$(2.29) \qquad F(x) \approx \sum_i f(u_i)\Delta u_i = \sum_i f(u_i)(u_{i+1}-u_i)$$

から求めてみます．E6 に **F(x)：近似式からの計算**，E7 に **0**，E8 に＝**E7+D7*(A8−A7)** と入力して，E8 をすべての範囲に複写してください．近似式のため誤差が多少ありますが，$F(x)$ を計算することができます．（このように式をつくると，等間隔でない場合でも計算可能です．また，ここでは，確率密度関数，累積分布関数の理解のため，式(2.29)から計算しましたが，この式は誤差が大きく，積分の数値計算式としてはあまりよくありません．台形公式やシンプソン公式など，より精密な数値計算式がありますので，数値積分によって確率を計算する場合はこれらの公式を使ってください．詳細は，数値計算の専門書を参照してください．）

2.4.2 一様分布とベータ分布
a. 一様分布

一様分布(uniform distribution)は，区間 (a, b) 間の各値（正確には小さなインターバル）を等しい確率でとる分布で，確率密度が

(2.30) $$f(x) = \begin{cases} 1/(b-a), & a < x < b \\ 0, & x \leq a, \ b \leq x \end{cases}$$

で与えられる分布です．期待値 μ および分散 σ^2 は

(2.31) $$\mu = (a+b)/2, \quad \sigma^2 = (b-a)^2/12$$

となります．本書では，一様分布を $U(a, b)$ で表すこととします．このうち，$a=0$, $b=1$ すなわち，区間 $(0, 1)$ の一様分布 $U(0, 1)$ は特に重要で，乱数を発生させる場合，他の分布に従う乱数は，この分布に従う乱数をもとにして発生させます．

b. ベータ分布

ベータ分布は，x が $(0, 1)$ の範囲で表される（確率密度関数が正の値となる）確率分布で，その確率密度関数は，$\alpha > 0$, $\beta > 0$ に対して，

(2.32) $$f(x) = \begin{cases} \dfrac{x^{\alpha-1}(1-x)^{\beta-1}}{B(\alpha, \beta)}, & 0 < x < 1 \\ 0, & x \leq 0, \ 1 \leq x \end{cases}$$

となります．（なお，$0 \leq x \leq 1$ とすると，$\alpha < 1$, $\beta < 1$ の場合，両端で $f(x)$ を定義できなくなってしまいますので，x の範囲は $0 < x < 1$ とします．）$B(\alpha, \beta)$ はベータ関数で，

(2.33) $$B(\alpha, \beta) = \int_0^1 z^{\alpha-1}(1-z)^{\beta-1}dz$$

です．先ほど述べたガンマ関数との間には，

(2.34) $$B(\alpha, \beta) = \frac{\Gamma(\alpha)\Gamma(\beta)}{\Gamma(\alpha+\beta)}$$

という関係があります．

また，この累積分布関数は，

(2.35) $$F(x) = \frac{1}{B(\alpha, \beta)} \int_0^x z^{\alpha-1}(1-z)^{\beta-1}dz$$

ですが，これは不完全ベータ比と呼ばれています．（$\int_0^x z^{\alpha}(1-z)^{\beta-1}dz$ は不完全ベータ関数と呼ばれています．）

$\alpha=1$, $\beta=1$ の場合は，区間 $(0, 1)$ の一様分布 $U(0, 1)$ となりますので，$U(0, 1)$ はベータ分布の特殊なものとなっています．次項でみるように，α, β の値を適当に選択することによって，ベータ分布は，いろいろな形の分布を表すことが可能です．

ベータ分布の期待値 μ および分散 σ^2 は，

2.4 連続型の確率分布の例

(2.36) $$\mu=\frac{\alpha}{\alpha+\beta}, \quad \sigma^2=\frac{\alpha\beta}{(\alpha+\beta)^2(\alpha+\beta+1)}$$

です．また，$\alpha>1$，$\beta>1$ の場合，モード x_0 は，

(2.37) $$x_0=\frac{\alpha-1}{\alpha+\beta-2}$$

となります．

本書では，ベータ分布を $Be(\alpha, \beta)$ と表すこととします．

c. Excel による確率密度関数，累積分布関数の計算

Excel のベータ分布の累積分布関数を求める関数は，BETADIST で，BETADIST(x, α, β)
として使用します．ガンマ分布などの場合と異なり，確率密度関数を直接求める関数はありませんので，確率密度関数はベータ関数をつかって計算する必要があります．$\alpha=1.5$，$\beta=2.5$ の場合の確率関数，累積分布関数の値を求めてみましょう．

R1 に**ベータ分布**，R3 に α，S3 に **1.5**，R4 に β，S4 に **2.5** と入力してください（図 2.17）．Excel にはベータ関数を直接 1.5 求める関数はありませんので，式 (2.34) の関係式を使ってガンマ関数から求めます．T3 に **B(α, β)**，U3 に =**EXP(GAMMALN (S3))*EXP(GAMMALN (S4))/EXP(GAMMALN (S3+S4))** と入力してください．6 に **x** と入力して，R7 からの範囲に 0.01 から 0.99 までの数字を 0.01 の間隔で入力してください．確率密度関数 $f(x)$ を計算します．S6 に **f(x)** と入力します S7 に =**(R7^($\$$S$\$$3−1))*((1−R7)^($\$$S$\$$4−1))/$\$$U$\$$3** と入力し，これをデータの範囲全体に複写します．次に，累積分布関数 $F(x)$ を計算します，T6 に **F(x)** と入力します．T7 に =**BETADIST(R7, $\$$S$\$$3, $\$$S$\$$4)** と入力し，これを複写して累積分布関数の値を求めてください．期待値 μ，分散 σ^2 を求めます．V3 に**期待値**，V4 に**分散**と入力します．W3 に =S3/(S3+S4)，W4 に =S3*S4/((S3+S4)^2*(S3+S4+1)) と入力して，$\mu=0.375$，$\sigma^2=0.046875$ を求めてください．最後に，中央値，モードを求めます．X3 に**中央値**，X4 に**モード**と入力します．ベータ分布で F^{-1} を求める関数は BETAINV です．Y3 に =**BETAINV(0.5, S3, S4)**，Y4 に =(S3−1)/(S3+S4−2) と入力して，中央値 $x_m=0.3525$ およびモード $x_0=0.25$ を求めてください．確率密度関数，累積分布関数の計算結果から，

i) $x=0.35$ で $F(x)=0.4961<0.5$, $x=0.36$ で $F(x)=0.5119>0.5$ となり, $0.35<x_m<0.36$ となっていること,

ii) $x=0.25$ で $f(x)$ が最大になっていること,

を確認してください.

最後に, 確率密度関数, 累積分布関数をグラフにしてください. α, β の値を変更してください. α, β の値によって, グラフの形が大きく変わるのがわかります(図2.18, 2.19).

なお, Excel では, BETADIST を,

BETADIST(x, α, β, A, B)

と指定することもできます. この場合, x の範囲は $A<x<B$ となり, $0<x<1$ の範囲での $(x-A)/|B-A|$ とした値が計算されます. たとえば, BETADIST

	R	S	T	U	V	W	X	Y
1	ベータ分布							
2								
3	α	1.5	B(α,β)	0.19635	期待値	0.375	中央値	0.352452
4	β	2.5			分散	0.046875	モード	0.25
5								
6	x	f(x)	F(x)					
7	0.01	0.501676	0.003365					
8	0.02	0.698754	0.009431					
9	0.03	0.84273	0.017169					
10	0.04	0.958091	0.026192					
11	0.05	1.054485	0.036268					
12	0.06	1.13694	0.047235					
13	0.07	1.208491	0.05897					

図2.17 ベータ分布の確率密度関数 $f(x)$, 累積分布関数 $F(x)$ を計算する. 期待値 μ, 分散 σ^2, 中央値 x_m およびモード x_0 を求める.

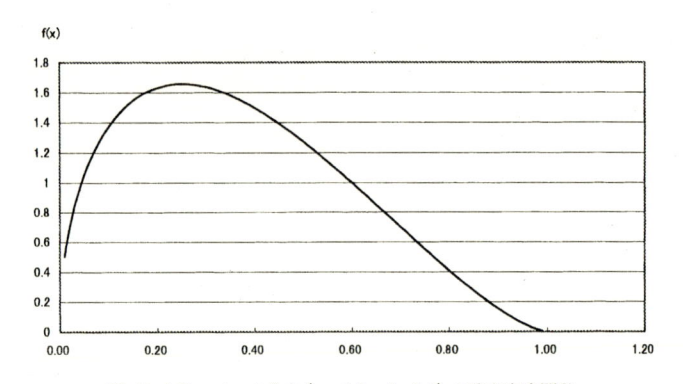

図2.18 ベータ分布 ($\alpha=1.5$, $\beta=2.5$) の確率密度関数

図 2.19 ベータ分布 ($\alpha=1.5$, $\beta=2.5$) の累積分布関数

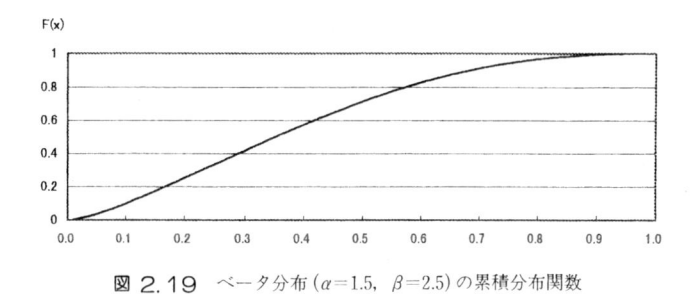

$(2,1,2,1,3)$ は，BETADIST$(0.5,1,2)$ と等しく，0.75 となります．

2.4.3 正規分布
a. 確率密度関数

正規分布 (normal distribution) は，統計学で用いられる最も重要な分布の1つです．自然科学・社会科学の多くの現象がこの分布にあてはまるばかりでなく，多くの統計学の理論が正規分布や正規分布から派生する分布に基づいています．

正規分布の確率密度関数は

$$(2.38) \qquad f(x) = \frac{1}{\sqrt{2\pi}\sigma} \exp\left\{\frac{-(x-\mu)^2}{2\sigma^2}\right\}$$

で，期待値・中央値・モードはいずれも μ，分散は σ^2 で，μ に対して左右対称のきれいな山形の分布となっています．(なお，以後，本書においては，e^a において a の部分が複雑な関数形の場合，表記をわかりやすくするため，$\exp(a)$ と表すことにします．) 期待値 μ，分散 σ^2，の正規分布を $N(\mu, \sigma^2)$ と表します．特に $\mu=0$，$\sigma^2=1$ の正規分布 $N(0,1)$ を標準正規分布 (standard normal distribution) と呼び，その確率密度関数は $\phi(x)$ で表されます．標準正規分布の累積分布関数は $\Phi(x)$ で表されます．複雑な関数の積分なので解析的に表すことはできませんが，非常に高精度の近似式が開発されています．

正規分布は，
 i) X が $N(\mu, \sigma^2)$ に従っているとき，$aX+b$ は $N(a\mu+b, a^2\sigma^2)$ に従う．(したがって，標準化変数 $(X-\mu)/\sigma$ は標準正規分布に従います．)
 ii) X と Y が独立で，それぞれ $N(\mu_x, \sigma_x^2), N(\mu_y, \sigma_y^2)$ に従うとき，$X+Y$ は正規分布 $N(\mu_x+\mu_y, \sigma_x^2+\sigma_y^2)$ に従う．

という扱いやすい特徴があります．(詳細は第4章を参照してください．) 正規分

布の重要性については第7章の中心極限定理の項で説明します．

b. Excelによる確率密度関数，累積分布関数の計算

正規分布の確率密度関数，累積分布関数は NORMDIST で，

NORMDIST(x, μ, σ, 関数形式)

として使用します．確率密度関数は，

NORMDIST(x, μ, σ, FALSE)

で，累積分布関数は

NORMDIST(x, μ, σ, TRUE)

で求めます．

Excelを開いて，ワークシートを新しく「Sheet3」としてください．

$\mu=10.0$，$\sigma=5.0$ の正規分布の確率密度関数，累積分布関数を求めてみましょう．A1に**正規分布**，A3に**μ**，B3に**10**，A4に**σ**，B4に**5**と入力してください（図2.20）．$\mu\pm3\sigma$の区間を考え，xの値として，-5から25までを0.3の間隔でとり計算を行ってみます．A6に**x**と入力してください．A7に**-5**と入力し，25まで0.3ごとに数字を埋め込んでください．次に，確率密度関数$f(x)$を計算します．B6に**f(x)**と入力します．B7に**＝NORMDIST(A7, $B$3, $B$4, FALSE)** と入力し，すべての範囲に複写します．最後に累積分布関数$F(x)$を計算します．C6に**F(x)**と入力します．C7に**＝NORMDIST(A7, $B$3, $B$4, TRUE)** と入力し，これをすべての範囲に複写して累積分布関数の値を求めてく

	A	B	C	D	E
1	正規分布				
2					
3	μ	10	中央値	10	
4	σ	5	モード	10	
5					
6	x	f(x)	F(x)	f(x):定義式からの計算	
7	-5.0	0.00089	0.00135	0.00089	
8	-4.7	0.00106	0.00164	0.00106	
9	-4.4	0.00126	0.00199	0.00126	
10	-4.1	0.00150	0.00240	0.00150	
11	-3.8	0.00177	0.00289	0.00177	
12	-3.5	0.00208	0.00347	0.00208	
13	-3.2	0.00245	0.00415	0.00245	
14	-2.9	0.00286	0.00494	0.00286	
15	-2.6	0.00333	0.00587	0.00333	

図2.20 正規分布の確率密度関数$f(x)$，累積分布関数$F(x)$を計算する．確率密度関数は，$x=\mu=5$に対して対称な山形のグラフとなり，$x=\mu=5$が期待値，中央値，モードとなっていることが確認できる．

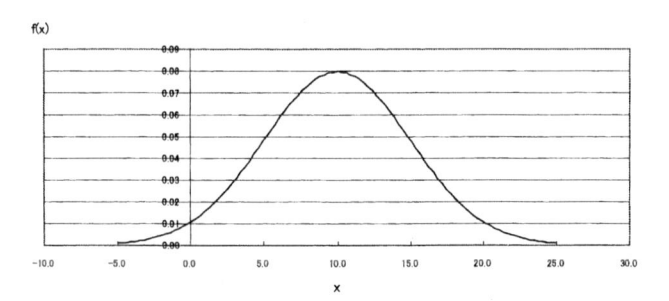

図 2.21 正規分布 ($\mu=10.0$, $\sigma=5.0$) の確率密度関数

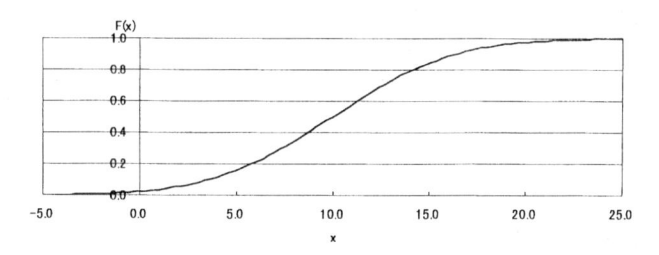

図 2.22 正規分布 ($\mu=10.0$, $\sigma=5.0$) の累積分布関数

ださい．次に，これを図 2.21, 2.22 のようにグラフにしてください．確率密度関数は，$x=\mu=10.0$ に対して対称な山形のグラフとなり，$x=\mu=10.0$ が期待値，中央値，モードとなっていることが確認できます．なお，正規分布の累積分布関数の逆関数は，NORMINV(x, μ, σ) で求めることができます．

次に，式 (2.38) の定義から確率密度関数を計算してみましょう．D6 に **f(x)：定義式からの計算**，D7 に =(1/(SQRT(2*PI())*$B$4))*EXP(−((A7−$B$3)^2)/(2*$B$4^2)) と入力し，D7 をすべての範囲に複写してください．NORMDIST を使った場合と同一の結果が得られます．(なお，Excel では，π を PI() で計算します．また，「−(A7−$B$3)^2」とすると，「−(A7−$B$3)」の二乗で正の値となってしまいますので，括弧を使って，「−((A7−$B$3)^2)」とします．)

なお，Excel にはこのほか，標準正規分布の累積分布関数 $\Phi(x)$ を計算する関数 NORMSDIST が組み込まれており，標準正規分布の累積分布関数は，

NORMSDIST(x)

として計算することができます．たとえば，NORMSDIST(0.5) は，NORM-

SDIST(0.5, 0, 1, TRUE) と等しく，0.691462 となります．また，標準正規分布の累積分布関数の逆関数は，NORMSINV で求めることができます．

2.4.4 対数正規分布
a. 確率密度関数，累積分布関数

対数をとった，$Y = \log X$ が正規分布に従う分布が対数正規分布 (log-normal distribution) です．(本書では，$e = 2.71828\cdots$ を底とする自然対数を log で，常用対数は $\log_{10}$ で表すこととします．なお，Excel で自然対数を計算する関数は，LN です．LOG は 10 を底とする常用対数です．) 確率密度関数は

$$(2.39) \quad f(x) = \begin{cases} \dfrac{1}{\sqrt{2\pi}\,\sigma x} \exp\left\{-\dfrac{(\log x - \mu)^2}{2\sigma^2}\right\}, & x > 0 \\ 0, & x \leq 0 \end{cases}$$

で，

$$(2.40) \quad \begin{aligned} &\text{期待値} = \exp\left(\mu + \frac{\sigma^2}{2}\right) \\ &\text{分散} = \exp(2\mu + \sigma^2)\{\exp(\sigma^2) - 1\} \\ &\text{中央値}\ x_m = \exp(\mu) \\ &\text{モード}\ x_0 = \exp(\mu - \sigma^2) \end{aligned}$$

です．(確率変数の変換の詳細は，第3章を参照してください．)

b. Excel による確率密度関数，累積分布関数の計算

Excel の対数正規分布の累積分布関数を求める関数は LOGNORMDIST で，
LOGNORMDIST(x, μ, σ)

として使用します．ベータ分布と同様，確率密度関数を直接求める関数はありませんので，確率密度関数は式(2.39)から求めます．$\mu = 0.0$，$\sigma = 1.0$ の場合の確率密度関数，累積分布関数の値を求めてみましょう．R1 に**対数正規分布**，R3 に μ，S3 に **0**，R4 に σ，S4 に **1** と入力してください (図2.23)．R6 に **x** と入力してください．x の値として 0.01 から 12.0 までをとることにします．他の分布と異なり，対数正規分布は x の値が小さいときに確率密度関数の値が大きく変化しますので，x の値を 0.01 から 0.2 までは 0.01 間隔で，0.2 から 0.5 までは 0.05 間隔で，0.5 から 2.0 までは 0.1 間隔で，2.0 から 12.0 までは 0.2 間隔で取ることとします．R7 からの範囲にこれらの値を Excel の埋め込みの機能を使って入力してください．確率密度関数 $f(x)$ を計算します．S6 に **f(x)** と入力します．S7 に

2.4 連続型の確率分布の例

=(1/(SQRT(2*PI())*$S$4*R7))*EXP(−((LN(R7)−$S$3)^2)/(2*$S$4^2)) と入力し,これをデータの範囲全体に複写します.(自然対数を計算する関数は,Excel では LN ですので注意してください.LOG は常用対数を計算します.)累積分布関数 $F(x)$ を計算します.T6 に **F(x)** と入力します.T7 に=**LOGNORMDIST(R7, $S$3, $S$4)** と入力し,これを複写して累積分布関数の値を求めてください.さらに,確率密度関数,累積分布関数をグラフにしてください.対数正規分布は,右側に分布の裾が大きく伸びているのがわかります(図 2.24, 2.25).

期待値,分散,中央値,モードを計算します.対数正規分布の累積分布関数の逆関数は LOGINV で求められますので,中央値はこの関数を使って計算することにします.T3 に**期待値**,T4 に**分散**,U3 に=**EXP(S3+S4^2/2)**,U4 に=**EXP(2*S3+S4^2)*(EXP(S4^2)−1)**,V3 に**中央値**,V4 に**モード**,W3 に=

	R	S	T	U	V	W
1	対数正規分布					
2						
3	μ		0	期待値	1.648721	中央値	1
4	σ		1	分散	4.670774	モード	0.367879
5						
6	x	f(x)	F(x)			
7	0.01	0.00099	0.00000			
8	0.02	0.00948	0.00005			
9	0.03	0.02843	0.00023			
10	0.04	0.05610	0.00064			
11	0.05	0.08978	0.00137			
12	0.06	0.12705	0.00245			
13	0.07	0.16604	0.00392			
14	0.08	0.20539	0.00577			

図 2.23 対数正規分布の確率密度関数 $f(x)$,累積分布関数 $F(x)$ を計算し,期待値 μ,分散 σ^2,中央値 x_m およびモード x_0 を求める.

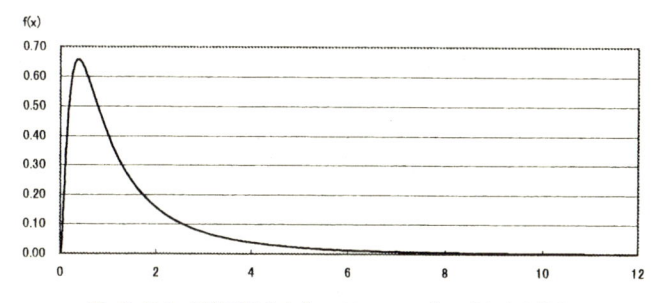

図 2.24 対数正規分布 ($\mu=0.0$, $\sigma=1.0$) の確率密度関数

図 2.25 対数正規分布 ($\mu=0.0$, $\sigma=1.0$) の累積分布関数

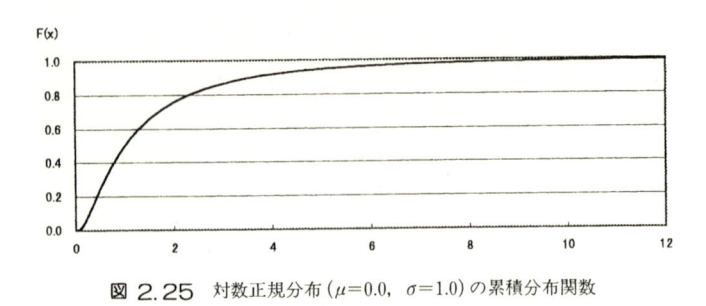

LOGINV(0.5, S3, S4)，W4 に ＝ **EXP(S3－S4^2)** と入力して，期待値 1.6487，分散 4.6708，中央値 1.0，モード 0.3679 を求めてください．

確率密度関数，累積分布関数の計算結果から，
 i) $x=1.0$ で $F(x)=0.5$ となり，$x_m=1$ となっていること，
ii) 0.3679 に最も近い $x=0.35$ で $f(x)$ が最大になっていること，
を確認してください．

2.4.5 ワイブル関数
a. 確率密度関数，累積分布関数

指数分布は，一定の割合で機械や設備の故障が起こる場合，それが起こるまでの時間の分布を表します．しかしながら，一般には，機械や設備が新しい間は，故障はあまり起こらず，古くなり劣化や老朽化が進行するに従って，故障を起こしやすくなるのが普通です．また，機械を設置した当初には，初期トラブルが発生して故障率が高く，運転に慣れるに従い故障率が減少するといったことも数多く経験されます．故障率が時間によって変化すると，指数分布では故障の起こる状況をうまく表すことはできません．このような場合に使われるのが，ワイブル分布 (Weibul distribution) です．

ワイブル分布の確率密度関数，累積分布関数は，$\alpha>0$, $\beta>0$ に対して，

(2.41)
$$f(x) = \begin{cases} \dfrac{\alpha x^{\alpha-1}}{\beta^{\alpha}} \exp\left\{-\left(\dfrac{x}{\beta}\right)^{\alpha}\right\}, & 0 \leq x \\ 0, & x < 0 \end{cases}$$

$$F(x) = \begin{cases} 1 - \exp\left\{-\left(\dfrac{x}{\beta}\right)^{\alpha}\right\}, & 0 \leq x \\ 0, & x < 0 \end{cases}$$

です.α は尺度パラメータ,β は形状パラメータと呼ばれます.期待値 μ,分散 σ^2 は,

$$(2.42) \quad \mu=\beta\Gamma\left(1+\frac{1}{\alpha}\right), \quad \sigma^2=\beta^2\left[\Gamma\left(1+\frac{2}{\alpha}\right)-\left\{\Gamma\left(1+\frac{1}{\alpha}\right)\right\}^2\right]$$

中央値 x_m,モード x_0 は,

$$(2.43) \quad \begin{array}{l} x_m=\beta(\log 2)^{1/\alpha} \\ x_0=\begin{cases}\beta\left(1-\dfrac{1}{\alpha}\right)^{1/\alpha}, & \alpha>1 \\ 0, & \alpha\leq 1\end{cases} \end{array}$$

です.Excel には累積分布関数の逆関数を求める関数はありませんが,

$$(2.44) \quad F^{-1}(y)=\beta\left\{\log\left(\frac{1}{1-y}\right)\right\}^{1/\alpha}=\beta\{-\log(1-y)\}^{1/\alpha}$$

となりますので,簡単に計算することが可能です.$\alpha=1$ の場合,ワイブル分布は指数分布となっています.また,$\beta=1$ の場合は,標準ワイブル分布と呼ばれます.本書では,ワイブル分布を $We(\alpha,\beta)$ で表すことにします.

ここで,$1-F(x)$ は故障が起こらず x まで無事に生存しているという生存確率です.したがって,ある時間 x までに故障しなかったという条件のもとで,次の Δx の間に故障が起こる確率は,$\dfrac{f(x)}{1-F(x)}\Delta x$ となります.

$$(2.45) \quad h(x)=\frac{f(x)}{1-F(x)}$$

は,危険度関数 (hazard rate function) と呼ばれます.ワイブル分布では,

$$(2.46) \quad h(x)=\frac{\alpha x^{\alpha-1}}{\beta^\alpha}$$

です.

$\alpha=1$ の場合,

$$(2.47) \quad h(x)=\lambda, \quad \lambda=\frac{1}{\beta}$$

となり,危険度関数は一定の値となります.$G(x)=1-F(x)$,$g(x)=dG/dx$ とおくと,$f(x)=dF/dx$ ですので,式 (2.45) は,

$$(2.48) \quad \frac{g}{G}=-\lambda$$

となります.c を積分定数として,この微分方程式を解くと,

(2.49) $$\log G = -\lambda x + c$$

すなわち,

(2.50) $$G(x) = Ae^{-\lambda x}$$

です. $G(0)=1$ ですので, $A=1$ となり,

(2.51) $$F(x) = 1 - e^{-\lambda x}$$

で,指数分布となります.結局,指数分布は危険度関数が x の値によらず一定(その時間まで生存していれば,故障率は過去の状態に依存しない)である場合を表していることになります.(これは,マルコフ過程と呼ばれるプロセスに関連する重要な性質です.)一方,ワイブル分布は,危険度関数が x の値によって変化していく状況を表しています.

b. Excelによる確率密度関数, 累積分布関数の計算

Excelのワイブル分布の累積分布関数を求める関数はWEIBULLで,

WEIBULL(x, α, β, 関数形)

として使用します.確率密度関数は,

WEIBULL(x, α, β, FALSE)

で,累積分布関数は

WEIBULL(x, α, β, TRUE)

で求めます.

Excelを開いて,ワークシートを新しく「Sheet4」としてください.(「Sheet3」までしか表示されていない場合は,[挿入(I)]→[ワークシート(W)]をクリックして,新しくワークシートを挿入します.) $\alpha=3.0$, $\beta=1.5$ のワイブル分布 $We(3.0, 1.5)$ の確率密度関数,累積分布関数を求めてみましょう.A1に**ワイブル分布**,A3に **α**,B3に **1.5**,A4に **β**,B4に **3** と入力してください(図2.26). x の値として,0から10までを0.1の間隔をとって計算を行ってみます.A6に **x** と入力してください.A7に0と入力し,10まで0.1ごとに数字を埋め込んでください.次に,確率密度関数 $f(x)$ を計算します.B6に **f(x)** と入力します.B7に=**WEIBULL(A7, $B$3, $B$4, FALSE)** と入力し,これをすべての範囲に複写します.最後に累積分布関数 $F(x)$ を計算します.C6に **F(x)** と入力します.C7に=**WEIBULL(A7, $B$3, $B$4, TRUE)** と入力し,これをすべての範囲に複写して累積分布関数の値を求めてください.次に,これを図2.27, 2.28のようにグラフにしてください.

2.4 連続型の確率分布の例

次に,式(2.41)の定義から確率密度関数,累積分布関数を計算してみましょう.D6 に **f(x):定義式からの計算**,D7 に =\$B\$3*A7^(\$B\$3−1)/\$B\$4^\$B\$3*EXP(−((A7/\$B\$4)^\$B\$3)) と入力し,D7 をすべての範囲に複写してください.同様に E6 に **F(x):定義式からの計算**,E7 に =1−EXP(−((A7/\$B\$4)^\$B\$3)) と入力して,データ範囲に複写してください.関数を使った結果と同一となります.

期待値,分散,中央値,モードを計算します.C3 に **期待値**,D3 に =B4*EXP(GAMMALN(1+1/B3)),C4 に **分散**,D4 に =B4^2*(EXP(GAMMALN(2+1/B3))−EXP(GAMMALN(1+1/B3)))^2,E3 に **中央値**,F3 に =B4*LN(2)^(1/B3),E4 に **モード**,F4 に =B4*(1−1/B3)^(1/B3) と入力して,期待値 μ

	A	B	C	D	E	F
1	ワイブル分布					
2						
3	α	1.5	期待値	2.708235879	中央値	2.349659
4	β	3	分散	3.259796255	モード	1.44225
5						
6	x	f(x)	F(x)	f(x):定義式からの計算	F(x):定義式からの計算	
7	0	0.00000	0.00000	0.00000	0.00000	
8	0.1	0.09073	0.00607	0.09073	0.00607	
9	0.2	0.12690	0.01707	0.12690	0.01707	
10	0.3	0.15319	0.03113	0.15319	0.03113	
11	0.4	0.17390	0.04752	0.17390	0.04752	
12	0.5	0.19070	0.06578	0.19070	0.06578	
13	0.6	0.20448	0.08556	0.20448	0.08556	
14	0.7	0.21578	0.10659	0.21578	0.10659	
15	0.8	0.22498	0.12865	0.22498	0.12865	

図 2.26 ワイブル分布の確率密度関数 $f(x)$,累積分布関数 $F(x)$ を計算し,期待値 μ,分散 σ^2,中央値 x_m およびモード x_0 を求める.

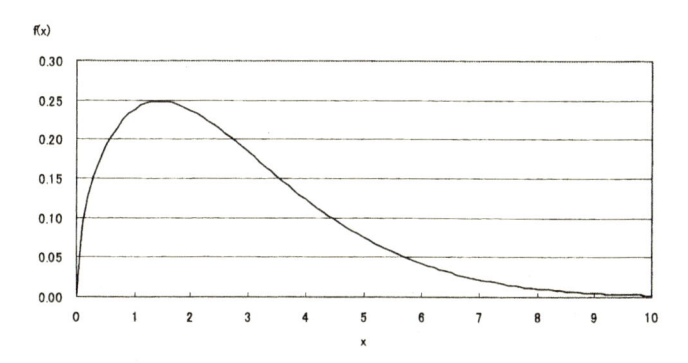

図 2.27 ワイブル分布 ($\alpha=3.0$, $\beta=1.5$) の確率密度関数

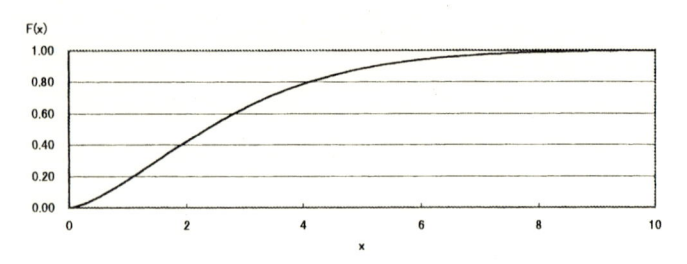

図 2.28 ワイブル分布 ($\alpha=3.0$, $\beta=1.5$) の累積分布関数

$=2.7082$, 分散 $\sigma^2=3.2598$, 中央値 $x_m=2.3497$, モード $x_0=1.4423$ を求めてください．確率密度関数，累積分布関数の計算結果から，

i) $x=2.3$ で $F(x)=0.4890<0.5$, $x=2.4$ で $F(x)=0.5111>0.5$ となり，$2.3<x_m<2.4$ となっていること，

ii) $x=1.4$ で $f(x)$ が最大になっていること，

を確認してください．

2.4.6 コーシー分布

a. 確率密度関数，累積分布関数

コーシー分布 (Cauchy Distribution) の確率密度関数，累積分布関数は，

(2.52)
$$f(x)=\frac{\beta}{\pi\{\beta^2+(x-\alpha)^2\}}$$
$$F(x)=\frac{1}{2}+\frac{1}{\pi}\tan^{-1}\left(\frac{x-\alpha}{\beta}\right)$$

です．ただし，$\beta>0$ で，$\tan^{-1}$ は $\tan$ の逆関数，アークタンジェントを表します．本書では，コーシー分布を $Ca(\alpha,\beta)$ で表すこととします．また，Excel には累積分布関数の逆関数を求める関数はありませんが，

(2.53) $$F^{-1}(y)=\alpha+\beta\tan\{\pi(y-1/2)\}$$

となりますので，簡単に計算することが可能です．

コーシー分布は次項で説明するように，$x=\mu$ に対して対称な山形の分布で，中央値 x_m, モード x_0 は α です．しかしながら，分布の裾が厚いので，これまでの分布と異なり，期待値や分散は存在しません．簡単のため，$\alpha=0$, $\beta=1$ としてこのことについて説明します．

(2.54) $$\int_0^z xf(x)dz=\int_0^z \frac{x}{\pi(1+x^2)}dx$$

を考えると，log$z$のオーダーで大きくなっていきます．したがって，$\int_0^\infty xf(x)dz$は∞となってしまいます．同様に$\int_{-\infty}^0 xf(x)dx$は$-\infty$となります．数学では，$\infty - \infty$の形となる場合は定義できませんので，結局，期待値$\int_{-\infty}^\infty xf(x)dx$は存在しないことになります．($\int_{-a}^a xf(x)dx$は任意の$a>0$に対してゼロですが，この場合，$\int_{-\infty}^\infty xf(x)dx$は$a \to \infty$としたものではありません．物理学などでは，計算結果が無限大となる場合，「くりこみ」といって最初に無限大となる部分を引くことが行われていますが，これは，数学的には大変あやしい方法です．) 期待値が存在しないわけですから，当然分散なども存在しません．

コーシー分布は，絶対値の大きな値がでる確率がなかなか小さくなりません．ファイナンスなど普段と極端に違った値がまれに観測される場合の解析に用いられています．

b. Excelによる確率密度関数，累積分布関数の計算

$\alpha = 0.0$，$\beta = 1.0$の場合のコーシー分布$Ca(0.0, 1.0)$の確率密度関数，累積分布関数の値を求めてみましょう．R1に**コーシー分布**，R3にα，S3に**0**，R4にβ，S4に**1**と入力してください (図2.29)．R6に**x**と入力してください．xの値として-10.0から10.0までを0.2間隔でとることにします．R7からの範囲にこれらの値をExcelの埋め込みの機能を使って入力してください．確率関数$f(x)$を計算します．S6に**f(x)**と入力します．S7に**=$S$4/(PI()*($S$4^2+(R7-$S$3)^2))**と入力し，これをデータの範囲全体に複写します．累積分布関数$F(x)$を計算します．T6に**F(x)**と入力します．Excelで$\tan^{-1}$(アークタンジェント)を計算する関数はATANですので，T7に**=0.5+ATAN((R7-$S$3)/$S$4)/PI()**と入力し，これを複写して累積分布関数の値を求めてください．ま

	R	S	T	U
1	コーシー分布			
2				
3	α	0	中央値	0
4	β	1	モード	0
5				
6	x	f(x)	F(x)	
7	-10	0.003152	0.031726	
8	-9.8	0.00328	0.032369	
9	-9.6	0.003417	0.033038	
10	-9.4	0.003562	0.033736	
11	-9.2	0.003717	0.034464	
12	-9	0.003882	0.035223	
13	-8.8	0.004058	0.036017	

図2.29 コーシー分布の確率密度関数$f(x)$，累積分布関数$F(x)$を計算し，中央値x_mおよびモードx_0を求める．(期待値μ，分散σ^2は存在しない．)

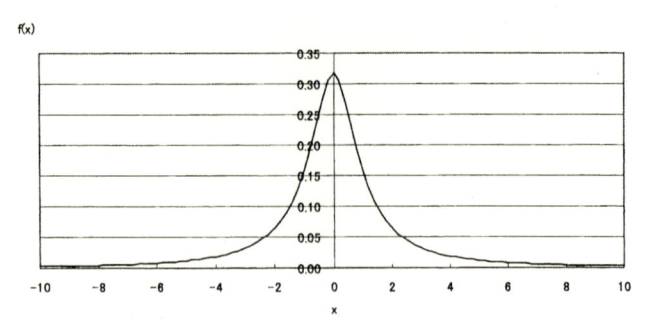

図 2.30 コーシー分布 ($\alpha=0.0$, $\beta=1.0$) の確率密度関数

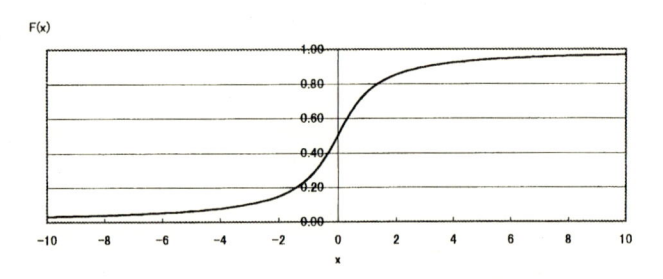

図 2.31 コーシー分布 ($\alpha=0.0$, $\beta=1.0$) の累積分布関数

た,これらをグラフにしてください.正規分布の場合と同様,確率密度関数 $f(x)$ は $x=0$ に対して対称な分布で,中央値,モードが 0 であることが確認できます (図 2.30, 2.31).

標準正規分布と $\alpha=0.0$, $\beta=1.0$ の場合のコーシー分布の $x=0$ における確率密度関数の値 $f(0)$ は,0.39894 と 0.31831 でそれほど大きく異なりません.標準正規分布では得られる値が ±5 を超えることはほとんどありません.(確率は 5.742×10^{-7}).しかしながら,コーシー分布では,±10 を超える確率が 6.345% もあり,分布の裾が非常に厚くなっているのがわかります.

2.4.7 ラプラス分布 (二重指数分布)

a. 確率密度関数,累積分布関数

ラプラス分布 (Laplace distribution) は,二重指数分布 (double exponential distribution) とも呼ばれますが,確率密度関数,累積分布関数は,

$$f(x) = \frac{1}{2\beta}\exp\left(-\frac{|x-\alpha|}{\beta}\right)$$

(2.55)
$$F(x) = \begin{cases} \dfrac{1}{2}\exp\left(\dfrac{x-\alpha}{\beta}\right), & x < \alpha \\ 1 - \dfrac{1}{2}\exp\left(\dfrac{\alpha-x}{\beta}\right), & x \geq \alpha \end{cases}$$

です．$x=\alpha$ に対して対称な分布で，期待値 μ，中央値 x_m，モード x_0 はいずれも α となります．正規分布などと異なり，$x=\alpha$ で $f(x)$ はとがっていて，微分できなくなっています．分散 σ^2 は，

(2.56)
$$\sigma^2 = 2\beta^2$$

となっています．

b. Excelによる確率密度関数，累積分布関数の計算

$\alpha=0.0$，$\beta=1.0$ の場合のラプラス分布の確率密度関数，累積分布関数の値を求めてみましょう．新しいシート「Sheet5」を挿入し，A1に**ラプラス分布**，A3に α，B3に **0**，A4に β，B4に **1** と入力してください（図2.32）．A6に **x** と入力してください．x の値として -5.0 から 5.0 までを 0.1 の間隔でとることにします．A7からの範囲にこれらの値を Excel の埋め込みの機能を使って入力してください．確率密度関数 $f(x)$ を計算します．B6に **f(x)** と入力します．B7に＝**1/(2*$B$4)*EXP(−ABS(A7−$B$3)/$B$4)** と入力し，これをデータの範囲全体に複写します．累積分布関数 $F(x)$ を計算します．C6に **F(x)** と入力します．C7に＝**IF(A7＜$B$3, 0.5*EXP((A7−$B$3)/$B$4), 1−0.5*EXP(−(A7**

	A	B	C	D	E	F
1	ラプラス分布					
2						
3	α	0	期待値	0	中央値	0
4	β	1	分散	2	モード	0
5						
6	x	f(x)	F(x)			
7	−5	0.003369	0.003369			
8	−4.9	0.003723	0.003723			
9	−4.8	0.004115	0.004115			
10	−4.7	0.004548	0.004548			
11	−4.6	0.005026	0.005026			
12	−4.5	0.005554	0.005554			
13	−4.4	0.006139	0.006139			

図2.32 ラプラス分布の確率密度関数 $f(x)$，累積分布関数 $F(x)$ を計算し，期待値 μ，分散 σ^2，中央値 x_m およびモード x_0 を求める．

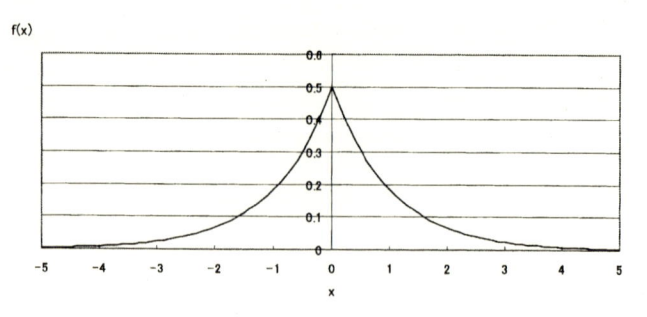

図 2.33 ラプラス分布 ($\alpha=0.0$, $\beta=1.0$) の確率密度関数

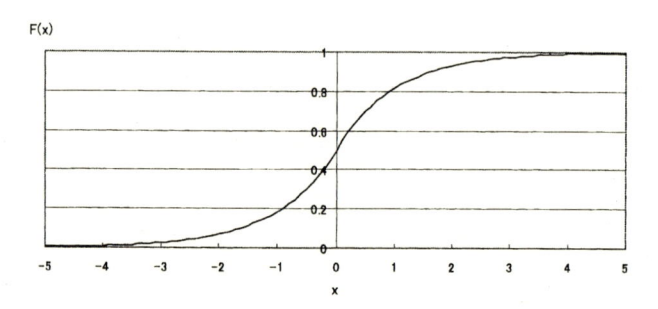

図 2.34 ラプラス分布 ($\alpha=0.0$, $\beta=1.0$) の累積分布関数

$-\$B\$3)/\$B\$4))$ と入力し,これを複写して累積分布関数の値を求めてください.これらをグラフにしてください(図 2.33, 2.34).確率密度関数 $f(x)$ は $x=0$ に対して対称な分布で,中央値,モードが 0 となっていますが,$x=0$ でとがっており,微分できなくなっていることが確認できます.また,分散 $\sigma^2=2\beta^2=2.0$ を求めてください.

2.5 指数型分布族

これまで,いくつかの分布を考えてきました.θ をその分布に現れるパラメータのベクトルとします.たとえば,二項分布では $\theta=p$,正規分布では,$\theta=\begin{bmatrix}\mu\\\sigma^2\end{bmatrix}$ です.$\alpha_i(\theta)$ を θ の適当な関数,$\beta_i(x)$ を x の適当な関数とします.k を有限の整数値とし,その確率関数,確率密度関数が,

(2.57) $$f(x) = \exp\left\{\alpha_0(\theta) + \beta_0(x) + \sum_{i=1}^{k} \alpha_i(\theta)\beta_i(x)\right\}$$

すなわち,

(2.58) $$\log f(x) = \alpha_0(\theta) + \beta_0(x) + \sum_{i=1}^{k} \alpha_i(\theta)\beta_i(x)$$

の形で表すことができる分布を指数型分布族 (exponential family) と呼びます.

〈例〉

二項分布では,

(2.59) $$\log f(x) = \log {}_nC_x + x \log p + (n-x)q$$
$$= n \log q + \log {}_nC_x + x \log \frac{p}{q}$$

です. したがって, 二項分布は指数型分布族に属し $k=1$, $\alpha_0(\theta) = n \log q$, $\beta_0(x) = \log {}_nC_x$, $\alpha_1(\theta) = \log p/q$, $\beta_1(x) = x$ となります.

正規分布では,

(2.60) $$\log f(x) = -\frac{1}{2}\log 2\pi - \log \sigma - \frac{(x-\mu)^2}{2}$$
$$= -\frac{1}{2}\log 2\pi - \frac{1}{2}\left(\log \sigma^2 + \frac{\mu^2}{2\sigma^2}\right) + \frac{\mu}{\sigma^2}x - \frac{1}{2\sigma^2}x^2$$

です. したがって, 正規分布は指数型分布族に属し $k=2$, $\alpha_0(\theta) = -1/2(\log \sigma^2 + \mu^2/2\sigma^2)$, $\beta_0(x) = -(1/2)\log 2\pi$, $\alpha_1(\theta) = \mu/\sigma^2$, $\alpha_2(\theta) = -1/(2\sigma^2)$, $\beta_1(x) = x$, $\beta_2(x) = x^2$ となります.

二項分布, ポアソン分布, 負の二項分布, 正規分布, ガンマ分布などが指数型分布族に属します. m 個 ($m>k$) の独立で同一の分布に従う確率変数 $X_1, X_2, \cdots, X_m$ が与えられたとします. 平均のように与えられたデータや変数を要約, 計算して得られるのも統計量 (statistics) と呼びますが, 指数型分布族では, これらの変数がもつ θ に関するすべての情報を k 個の統計量に集約することが可能です. (これを十分統計量 (sufficient statistics) と呼びます.)

2.6 演習問題

1. サイコロを2回投げた場合の目の合計を X とします.

i) X の確率関数, 累積分布関数を求めてください.

ii) X の期待値, 分散, 中央値, モードを求めてください.

2. あるゲームでは,勝つと2点,引き分けると1点,負けると0点が与えられるとします.勝ち,引き分け,負けとも 1/3 の確率であるとし,各回の結果は独立であるとします.
ⅰ) このゲームを2回行った場合の合計得点を X とします.X の確率関数,累積分布関数,期待値,分散,中央値,モードを求めてください.
ⅱ) このゲームを3回行った場合の合計得点を Y とします.Y の確率関数,累積分布関数,期待値,分散,中央値,モードを求めてください.

3. 確率 X が連続型の分布に従うとし,その確率密度関数 $f(x)$ は下図 ($a \leq c \leq b$, $d > 0$) で与えられるとします.(この分布は三角分布 (triangular distribution) と呼ばれます.)
ⅰ) $f(x)$ が確率密度関数となるための条件を求めてください.
ⅱ) 累積分布関数,期待値,分散,中央値,モードを求めてください.

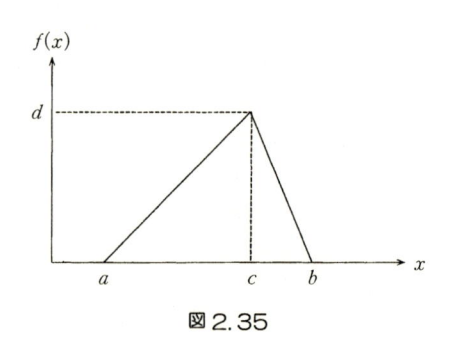

図 2.35

4. 確率 X が連続型の分布に従うとし,その確率密度関数は

$$f(x) = \begin{cases} a(x-b)^2, & -b \leq x \leq 2b \text{ の場合} \\ 0, & \text{それ以外 } (a, b > 0) \end{cases}$$

であるとします.
ⅰ) $f(x)$ が確率密度関数となるための条件を求めてください.
ⅱ) 累積分布関数,期待値,分散,中央値,モードを求めてください.

5. 二項分布,ポアソン分布が指数型分布族であることを示してください.

3. 確率変数の変換とモーメント母関数，特性関数

　確率変数を扱う問題では，対数をとるなど確率変数の変換が重要となっています．連続型の確率変数を変換した場合，確率密度関数はどのようになるのでしょうか．また，平均・分散以外にも，高次のモーメント $E(X^k)$, $k=3, 4, \cdots$ を考えることができますが，これらを考える上で重要なものにモーメント母関数，特性関数があります．本章では，これらについて説明します．

3.1　変換された変数の確率密度関数

　ここでは，連続型の確率変数 X を変換した場合の確率密度関数について説明します．（離散型ではとりうる値を変換するだけでよく，ここで述べることは問題になりません．）Y が X の関数，すなわち，

(3.1) $$Y = \varphi(X)$$

の場合を考えてみましょう．φ は単調増加で微分可能とします．この場合，逆関数 ψ が存在し，$X = \psi(Y)$ となります．X, Y の確率密度関数をそれぞれ，$f(x)$, $g(y)$ とします．$y = \varphi(x)$, $y + \Delta y = \varphi(x + \Delta x)$ とすると，$x < X \leq x + \Delta x$ となる確率と $y < Y \leq y + \Delta y$ となる確率は同一ですので，

(3.2) $$g(y) \Delta y = f(x) \Delta x$$

です．$\Delta x \to 0$ とすると，

(3.3) $$g(y) = f(x) \frac{dx}{dy} = f\{\psi(y)\} \frac{d\psi}{dy}$$

となります．変換によって，区間の幅が変わり，その修正が必要であることに注意してください．

　なお，分布関数(以後，本書では累積分布関数を単に分布関数と略して呼ぶことにします．)の場合は，

(3.4) $$P(Y \leq y) = P[\varphi(X) \leq \varphi(x)] = P(X \leq x)$$

です．X, Y の分布関数をそれぞれ $F(x), G(y)$ とすると，
$$(3.5) \quad G(y)=F(x)=F\{\phi(y)\}$$
となり，ただ単に変数変換したものを代入すればよいことになります．式 (3.5) は，連続型，離散型の両方に成り立つことに注意してください．

〈例〉

X が正規分布 $N(\mu, \sigma^2)$ に従うとします．すでに説明したように，$Y=e^X$ は対数正規分布に従います．この場合，$\varphi(x)=e^x$, $\psi(y)=\log y$ ですので，
$$(3.6) \quad \frac{d\psi}{dy}=\frac{1}{y}$$
です．$f(x), F(x)$ を正規分布の確率密度関数，分布関数とすると，$Y=e^X$ の確率密度関数は，
$$(3.7) \quad g(y)=f\{\psi(y)\}\frac{d\psi}{dy}=\frac{1}{\sqrt{2\pi}\,\sigma y}\exp\left\{-\frac{(\log y-\mu)^2}{2\sigma^2}\right\}$$
分布関数は，
$$(3.8) \quad G(y)=F\{\log(y)\}$$
となり，2.4.4 項で説明したとおりになります．

3.2　k 次のモーメントと歪度，尖度

3.2.1　k 次のモーメント

前章では，確率変数の期待値 μ と分散 σ^2 について説明しました．これらは，
$$\mu=E(X),$$
$$(3.9) \quad \sigma^2=E[(X-\mu)^2]=E(X^2)-2\mu E(X)+\mu^2$$
$$=E(X^2)-\mu^2=E(X^2)-[E(X)]^2$$
となります．$E(X), E(X^2)$ は，力学との計算方法の類似性から，(原点まわりの) 1 次，2 次のモーメント (moment) または積率と呼ばれます．

これを一般化したのが (原点まわりの) k 次のモーメントで
$$(3.10) \quad \mu_k=E(X^k)$$
です．(なお，前章で説明したコーシー分布のように，k 次のモーメントは分布によっては存在しない場合があります．)

また，実用上は X から期待値を引いた変数のモーメント
$$(3.11) \quad \mu_k{'}=E[(X-\mu)^k]$$

が重要となりますが，これは，期待値（平均）まわりの k 次のモーメントと呼ばれます．(原点まわりの) モーメント μ_k と期待値まわりのモーメント μ_k' には，次の関係があります．（$\mu_0=\mu_0'=1$，$\mu_1=\mu$，$\mu_1'=0$ です．）

(3.12)
$$\mu_2' = E[(X-\mu)^2] = \sigma^2 = \mu_2 - \mu^2$$
$$\mu_3' = \mu_3 - 3\mu_2\mu + 2\mu^3$$
$$\mu_4' = \mu_4 - 4\mu_3\mu + 6\mu_2\mu^2 - 3\mu^4$$
$$\vdots$$
$$\mu_k' = \sum_{i=0}^{k} {}_kC_i \mu_{k-i}(-\mu)^i$$
$$\mu_2 = \mu_2' + \mu^2$$
$$\mu_3 = \mu_3' + 3\mu_2'\mu + \mu^3$$
$$\mu_4 = \mu_4' + 4\mu_3'\mu + 6\mu_2'\mu^2 + \mu^4$$
$$\vdots$$
$$\mu_k = \sum_{i=0}^{k} {}_kC_i \mu_{k-i}' \mu^i$$

なお，以後本書で単に「モーメント」と呼んだ場合は，原点まわりのものを意味することとし，期待値まわりのモーメントの場合は，「期待値まわりの」という言葉を加えることにします．

3.2.2 分布ごとの高次のモーメント

前章で説明した分布の高次の原点および期待値まわりのモーメントは次のとおりです．（なお，ここでは簡単に数式で表せるもののみを記述しました．）

ⅰ）二項分布

原点まわりのモーメント

(3.13) $\mu_2 = np(np+q)$, $\mu_3 = np\{(n-1)(n-2)p^2 + 3p(n-1) + 1\}$

期待値まわりのモーメント

(3.14) $\mu_3' = npq(q-p)$, $\mu_4' = np\{1 + 3pq(n-2)\}$

ⅱ）ポアソン分布

原点まわりのモーメント

(3.15) $\mu_2 = \lambda + \lambda^2$, $\mu_3 = \lambda\{(\lambda+1)^2 + \lambda\}$, $\mu_4 = \lambda(\lambda^3 + 6\lambda^2 + 7\lambda + 1)$

期待値まわりのモーメント

(3.16) $\mu_3' = \lambda$, $\mu_4' = \lambda(3\lambda + 1)$

iii) ガンマ分布

原点まわりのモーメント

(3.17) $$\mu_k = \frac{\beta^k \Gamma(\alpha+k)}{\Gamma(\alpha)}$$

iv) ベータ分布

原点まわりのモーメント

(3.18) $$\mu_k = \frac{B(\alpha+k, \beta)}{B(\alpha, \beta)} = \frac{\Gamma(\alpha+k)\Gamma(\alpha+\beta)}{\Gamma(\alpha)\Gamma(\alpha+\beta+k)}$$

v) 正規分布

期待値まわりのモーメント

(3.19) $$\mu_k' = \begin{cases} 0, & k：奇数 \\ \dfrac{\sigma^k k!}{2^{k/2}(k/2)!}, & k：偶数 \end{cases}$$

vi) 対数正規分布

原点まわりのモーメント

(3.20) $$\mu_k = \exp\left(k\mu + \frac{k^2\sigma^2}{2}\right)$$

期待値まわりのモーメント

(3.21) $$\mu_k' = \omega^k \exp(k\mu)\left\{\sum_{i=0}^{k}(-1)^i {}_kC_i \omega^{(k-i)(k-i-1)}\right\}, \quad \omega = \{\exp(\sigma^2)\}^{1/2}$$

vi) ワイブル分布

原点まわりのモーメント

(3.22) $$\mu_k = \beta^k \Gamma\left(\frac{\alpha+k}{\alpha}\right)$$

3.2.3 歪度と尖度
a. 歪度

期待値 μ と分散 σ^2 は，1次・2次のモーメントから計算される重要な指標です．さらに高次のモーメントを使って確率分布(確率関数，確率密度関数)の形状についての情報を得ることができます．このうち，歪度(skewness)は，3次の期待値まわりのモーメントを使って，分布の非対称性を表し，

(3.23) $$\alpha_3 = \frac{E[(X-\mu)^3]}{\sigma^3} = \frac{\mu_3'}{\sigma^3}$$

で定義されます．図3.1のように分布が対称である場合 $\alpha_3 = 0$ となり，右側の裾

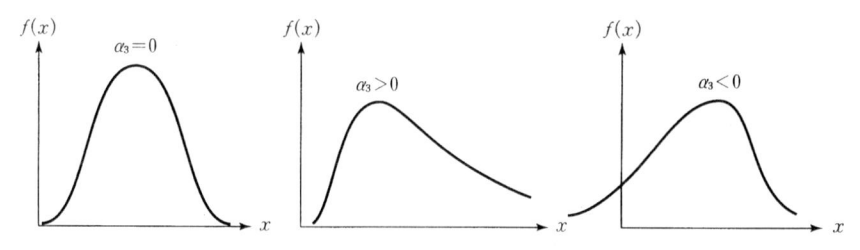

図3.1 歪度 α_3 は，分布が対称である場合 $\alpha_3=0$ となり，右側の裾が長い場合 $\alpha_3>0$，左側の裾が長い場合 $\alpha_3<0$ となる．

が長い場合 $\alpha_3>0$，左側の裾が長い場合 $\alpha_3<0$ となります．

b. 尖度

尖度 (kurtosis) は，4次の期待値まわりのモーメントを使って，分布の期待値付近の集中度(とがり具合)や裾の厚さを表し，

$$(3.24) \quad \alpha_4 = \frac{E[(X-\mu)^4]}{\sigma^4} - 3 = \frac{\mu_4'}{\sigma^4} - 3$$

で定義されます．正規分布の場合0となり，正規分布より期待値付近に集中している場合負の値，集中しておらず，分布の裾が厚い場合正の値となります．(なお，3を引かずに尖度を $\alpha_4' = E[(X-\mu)^4]/\sigma^4 = \mu_4'/\sigma^4$ として定義することがありますが，本書では，正規分布との比較を明確にするため，式(3.24)の定義を使うこととします.)

3.2.4 各種分布の歪度，尖度

前章で説明した分布の歪度 α_3，尖度 α_4 は，次の通りです．(コーシー分布には，歪度，尖度は存在しません．)

ⅰ) 二項分布

$$(3.25) \quad \alpha_3 = \frac{1-2p}{\sqrt{npq}}, \quad \alpha_4 = \frac{1-6pq}{npq}$$

ⅱ) ポアソン分布

$$(3.26) \quad \alpha_3 = \frac{1}{\sqrt{\lambda}}, \quad \alpha_4 = \frac{1}{\lambda}$$

ⅲ) 負の二項分布

$$(3.27) \quad \alpha_3 = \frac{2-p}{\sqrt{rq}}, \quad \alpha_4 = \frac{p^2+6q}{rq}$$

ⅳ) ガンマ分布

(3.28) $$\alpha_3 = \frac{2}{\sqrt{\alpha}}, \quad \alpha_4 = \frac{6}{\alpha}$$

v) ベータ分布

(3.29)
$$\alpha_3 = \frac{2(\beta-\alpha)\sqrt{\alpha+\beta+1}}{\sqrt{\alpha\beta}(\alpha+\beta+2)}, \quad \alpha_4 = \frac{3(\alpha+\beta+1)\{2(\alpha+\beta)^2+\alpha\beta(\alpha+\beta-6)\}}{\alpha\beta(\alpha+\beta+2)(\alpha+\beta+3)} - 3$$

vi) 正規分布

(3.30) $$\alpha_3 = 0, \quad \alpha_4 = 0$$

vii) 対数正規分布

(3.31) $$\alpha_3 = (e^{\sigma^2}+2)\sqrt{e^{\sigma^2}-1}, \quad \alpha_4 = (e^{\sigma^2})^4 + 2(e^{\sigma^2})^3 + 3(e^{\sigma^2})^2 - 6$$

viii) ワイブル分布

(3.32)
$$\alpha_3 = \frac{\Gamma\left(1+\frac{3}{\alpha}\right) - 3\Gamma\left(1+\frac{1}{\alpha}\right)\Gamma\left(1+\frac{2}{\alpha}\right) + 2\left[\Gamma\left(1+\frac{1}{\alpha}\right)\right]^3}{\left[\Gamma\left(1+\frac{2}{\alpha}\right) - \left\{\Gamma\left(1+\frac{1}{\alpha}\right)\right\}^2\right]^{3/2}},$$

$$\alpha_4 = \frac{\Gamma\left(1+\frac{4}{\alpha}\right) - 4\Gamma\left(1+\frac{1}{\alpha}\right)\Gamma\left(1+\frac{2}{\alpha}\right) + 6\left\{\Gamma\left(1+\frac{1}{\alpha}\right)\right\}^2 \Gamma\left(1+\frac{2}{\alpha}\right) - 3\left\{\Gamma\left(1+\frac{1}{\alpha}\right)\right\}^4}{\left[\Gamma\left(1+\frac{2}{\alpha}\right) - \left\{\Gamma^2\left(1+\frac{1}{\alpha}\right)\right\}^2\right]^2} - 3$$

ix) ラプラス分布

(3.33) $$\alpha_3 = 0, \quad \alpha_4 = 3$$

3.3 モーメント母関数と特性関数

3.3.1 モーメント母関数

k 次のモーメント μ_k の計算は複雑なようですが,モーメント母関数 (moment generating function,または積率母関数) を使うと簡単に求めることができます.モーメント母関数は,

(3.34) $$M(t) = E e^{tX} = \begin{cases} \sum_x e^{tx} f(x), & \text{離散型の確率変数の場合} \\ \int_{-\infty}^{\infty} e^{tx} f(x) dx, & \text{連続型の変数の場合} \end{cases}$$

となります.(この関数は存在するものとします.)

ここで,モーメント母関数が存在すれば,積分と微分の順序を変えることができ,

(3.35) $$\frac{dM(t)}{dt}=\int_{-\infty}^{\infty}xe^{tx}f(x)dx$$

となりますので,

(3.36) $$\left.\frac{dM(t)}{dt}\right|_{t=0}=\mu_1=\mu$$

です. 同様に

(3.37) $$\frac{d^2M(t)}{dt^2}=\int_{-\infty}^{\infty}x^2e^{tx}f(x)dx \Rightarrow \left.\frac{dM(t)}{dt}\right|_{t=0}=\mu_2$$
$$\vdots$$
$$\frac{d^kM(t)}{dt^k}=\int_{-\infty}^{\infty}x^ke^{tx}f(x)dx \Rightarrow \left.\frac{d^kM(t)}{dt}\right|_{t=0}=\mu_k$$

となり, k 次のモーメントは, 式 (3.37) から求めることができます.

あるモーメントが等しいということは, 分布の形が似ていることを意味します. 厳密な数学的な説明は省略しますが, 2 つの分布においてすべてのモーメントが等しい場合, 2 つの分布は同一となります. $t=0$ の近傍でモーメント母関数が等しいということは, モーメントが同一ということを意味しますので, モーメント母関数が等しい場合, 2 つの分布は同一となります.

モーメント母関数が存在する場合, その対数をとったもの, すなわち,

(3.38) $$K(t)=\log M(t)$$

をキュミュラント母関数 (cumulant generating function) と, また,

(3.39) $$\kappa_k=\frac{d^k \log K}{dt^k}, \quad k=1,2,3,\cdots$$

をキュミュラントと呼びます. キュミュラント κ_k と原点まわりのモーメント μ_k とには,

(3.40) $$\mu_k=\sum_{i=1}^{k}{}_{k-1}C_{i-1}\mu_{k-i}\kappa_i, \quad k=1,2,3,\cdots$$

の関係があり, 4 次までは,

(3.41) $$\begin{aligned}\kappa_1&=\mu_1=\mu\\ \kappa_2&=\mu_2-\mu_1^2\\ \kappa_3&=\mu_3-3\mu_2\mu_1+2\mu_1^3\\ \kappa_4&=\mu_4-4\mu_3\mu_1-3\mu_2^2-12\mu_2\mu_1^2-6\mu_1^4\end{aligned}$$

となります. また, 期待値まわりのモーメント μ_k' とは

$$(3.42) \quad \kappa_2 = \mu_2' = \sigma^2$$
$$\kappa_3 = \mu_3'$$
$$\kappa_4 = \mu_4' - 3(\mu_2')^2$$

の関係があります.

〈例〉

標準正規分布のモーメント母関数は,

$$(3.43) \quad M(t) = \frac{1}{\sqrt{2\pi}\sigma} \int_{-\infty}^{\infty} e^{tx} e^{-x^2/2} dx$$
$$= \frac{1}{\sqrt{2\pi}\sigma} \int_{-\infty}^{\infty} \exp\left(-\frac{x^2 - 2tx + t^2}{2} + \frac{t^2}{2}\right) dx$$
$$= e^{t^2/2} \frac{1}{\sqrt{2\pi}\sigma} \int_{-\infty}^{\infty} \exp\left\{-\frac{(x-t)^2}{2}\right\} dx$$
$$= e^{t^2/2}$$

となります.

$$(3.44) \quad \frac{dM(t)}{dt} = te^{t^2/2}, \quad \frac{d^2M(t)}{dt^2} = e^{t^2/2} + t^2 e^{t^2/2}$$
$$\frac{d^3M(t)}{dt^3} = 3te^{t^2/2} + t^3 e^{t^2/2}, \quad \frac{d^4M(t)}{dt^4} = 3e^{t^2/2} + 3t^2 e^{t^2/2} + t^4 e^{t^2/2}$$

ですので,

$$(3.45) \quad \mu_1 = 0, \quad \mu_2 = 1, \quad \mu_3 = 0, \quad \mu_4 = 3$$

となります. (この場合, $\mu = \mu_1 = 0$ ですので, 原点まわりのモーメントと期待値まわりのモーメントは一致します.)

3.3.2 特 性 関 数

モーメント母関数は e^{tx} の期待値をとるため, 分布の裾が厚い場合($|x| \to \infty$ で $f(x)$ の 0 に近づくスピードが遅い場合)存在しません. したがって, コーシー分布のようにモーメント母関数が存在しない分布が存在します. その欠点を補うのが特性関数(characteristic function)です. 特性関数は,

$$(3.46) \quad C(t) = E(e^{itx}) = \begin{cases} \sum_x e^{itx} f(x), & \text{離散型の確率変数の場合} \\ \int_{-\infty}^{\infty} e^{itx} f(x) dx, & \text{連続型の変数の場合} \end{cases}$$

で定義されます. i は虚数単位で $i^2 = -1$ です.

特性関数は, 複素数の計算を含んで複雑なようですが,

(3.47) $$e^{i\theta}=\cos\theta+i\sin\theta$$
ですので，任意の x に対して
(3.48) $$|e^{itx}|=1$$
となり，モーメント母関数が存在しない分布(たとえば，コーシー分布)でも特性関数は存在します．また，モーメント母関数の場合と同様に
(3.49) $$\left.\frac{d^k C(t)}{dt^k}\right|_{t=0}=i^k\mu_k$$
となりますので，これを使ってモーメントを計算することが可能となります．モーメント母関数と同様，特性関数が等しい場合(モーメントが存在しない場合を含めて)，2つの分布は同一となります．

〈例〉

標準正規分布の特性関数を求めてみましょう．標準正規分布では，

(3.50) $$C(t)=E(e^{itx})=\frac{1}{\sqrt{2\pi}}\int_{-\infty}^{\infty}e^{itx}e^{-x^2/2}dx$$
$$=\frac{1}{\sqrt{2\pi}}\int_{-\infty}^{\infty}\exp\left\{-\frac{(x-it)^2}{2}-\frac{t^2}{2}\right\}dx$$
$$=e^{-t^2/2}\frac{1}{\sqrt{2\pi}}\int_{-\infty}^{\infty}e^{-(x-it)^2/2}dx$$

となります．複素平面上のすべての点で微分可能ですので，$e^{-z^2/2}$ は正則関数です．また，$e^{-z^2/2}\to 0, |z|\to\infty$ ですので，複素積分に関するコーシーの定理(複素平面状で，正則関数の閉じた経路に関する積分は 0 となる)から

(3.51) $$\int_{-\infty}^{\infty}e^{-(x-it)^2/2}dx=\int_{-\infty}^{\infty}e^{-x^2/2}dx$$

です．したがって，標準正規分布の特性関数は，

(3.52) $$C(t)=e^{-t^2/2}$$

となります．

3.3.3 確率母関数

離散型の確率変数で，とりうる値が負でない整数値 $x=0,1,2,\cdots$ であるとします．この場合，

(3.53) $$P(t)=\sum_{i=0}^{\infty}p_i t^i, \qquad p_i=P(X=i)=f(i)$$

は，確率母関数 (probability generating function) と呼ばれます．($\sum_{i=0}^{\infty}p_i=1$, p_i

≥0 ですので，この関数は常に存在します．）この関数は，

$$(3.54) \quad \frac{1}{k!}\frac{d^k P(t)}{dt^k}\bigg|_{t=0} = p_k$$

となっています．また，

$$(3.55) \quad \begin{aligned} \frac{d^k P(t)}{dt^k}\bigg|_{t=1} &= E[X(X-1)(X-2)\cdots(X-k+1)] \\ \frac{d^k P(1+t)}{dt^k}\bigg|_{t=0} &= E[X(X-1)(X-2)\cdots(X-k+1)] \end{aligned}$$

となります．$P(1+t)$ は階乗モーメント母関数 (factorial moment generating function) と呼ばれています．

3.3.4 各種分布のモーメント母関数，特性関数

第2章で説明した分布のモーメント母関数 $M(t)$，特性関数 $C(t)$，確率母関数 $P(t)$ は次のとおりです．（対数正規分布は，解析的に関数として書き表すことはできません．）

ⅰ）二項分布
$$(3.56) \quad M(t)=(q+pe^t)^n, \quad C(t)=(q+pe^{it})^n, \quad P(t)=(p+qt)^n$$

ⅱ）ポアソン分布
$$(3.57) \quad \begin{aligned} M(t) &= \exp[\lambda\{\exp(t)-1\}], \quad C(t) = \exp[\lambda\{\exp(it)-1\}], \\ P(t) &= \exp\{\lambda(t-1)\} \end{aligned}$$

ⅲ）負の二項分布
$$(3.58) \quad M(t)=\left(\frac{p}{1-qe^t}\right)^r, \quad C(t)=\left(\frac{p}{1-qe^{it}}\right)^r, \quad P(t)=\left(\frac{p}{1-qt}\right)^r$$

ⅳ）ガンマ分布
$$(3.59) \quad M(t)=(1-\beta t)^{-\alpha}, \quad C(t)=(1-\beta it)^{-\alpha}$$

ⅴ）正規分布
$$(3.60) \quad M(t)=\exp\left(\mu t+\frac{t^2\sigma^2}{2}\right), \quad C(t)=\exp\left(i\mu t-\frac{t^2\sigma^2}{2}\right)$$

ⅵ）コーシー分布
$$(3.61) \quad M(t):\text{存在しない}, \quad C(t)=\exp(i\alpha t-\beta|t|)$$

ⅶ）ラプラス分布
$$(3.62) \quad M(t)=\frac{\exp(\alpha t)}{1-\beta^2 t^2}, \quad C(t)=\frac{\exp(i\alpha t)}{1+\beta^2 t^2}$$

3.4 演習問題

1. $n=5$, $p=0.5$ の二項分布および $\lambda=1$ の指数分布において次の問いに答えてください．
ⅰ) 3次，4次のモーメントを計算し，歪度，尖度を求めてください．
ⅱ) 二項分布のモーメント母関数，特性関数，確率母関数を求めてください．
ⅲ) 指数分布のモーメント母関数，特性関数を求めてください．モーメント母関数，特性関数を使って，二項分布および指数分布の3次，4次のモーメントを計算し，歪度，尖度を求めてください．
2. ポアソン分布，負の二項分布において，モーメント母関数，特性関数を使って3次，4次のモーメントを計算し，歪度，尖度を求めてください．また，確率母関数から，$x=0, 1, 2$ となる確率を求めてください．
3. ガンマ分布において，モーメント母関数，特性関数を使って，3次，4次のモーメントを計算し，歪度，尖度を求めてください．
4. 確率密度関数が
$$f(x)=\begin{cases}2x, & 0\leq x\leq 1 \text{ の場合} \\ 0, & \text{それ以外}\end{cases}$$
で与えられるとします．
ⅰ) モーメント母関数，特性関数を求めてください．
ⅱ) 3次，4次のモーメントを計算し，歪度，尖度を求めてください．
ⅲ) $Y=X^2$ の確率密度関数を求めてください．

4. 多次元の確率分布

　前章まででは，1つの確率変数の分布について説明しましたが，現実のいろいろな問題では，多数の確率変数を利用する必要があります．この場合，確率変数の間の関係が重要になります．ここでは，まず，2つの確率変数 X, Y が存在する2次元の場合について説明します．次に，これを n 個の確率変数が存在する場合に一般化します．

4.1　2次元の確率分布

4.1.1　同時確率分布

　2つの確率変数 X, Y が存在するとします．この2つの変数は離散型であり，
　　X のとりうる値は $\{x_1, x_2, \cdots, x_k\}$
　　Y のとりうる値は $\{y_1, y_2, \cdots, y_l\}$
であるとします．(X, Y) は $k \cdot l$ 個の異なった値をとります．$X=x_i, Y=y_i$ となる確率は

$$(4.1) \qquad P(X=x_i, Y=y_i) = f(x_i, y_i)$$

となりますが，これを X と Y の同時確率分布 (joint probability distribution) と呼びます．(1変数の場合と同様，以下，とりうる値の添え字は省略して，x, y と表します．)

　X, Y が連続型の場合，(X, Y) が (x, y) と $(x+\varDelta x, y+\varDelta y)$ で決まる長方形に入る確率

$$(4.2) \qquad p = P(x < X \leq x+\varDelta x, \ y < Y \leq y+\varDelta y)$$

を考えます．これは，$\varDelta x, \varDelta y$ を小さくすると0に収束しますので，長方形の面積 $\varDelta x \varDelta y$ で割って $\varDelta x, \varDelta y \to 0$ とした極限を $f(x, y)$，すなわち，

$$(4.3) \qquad f(x, y) = \lim_{\varDelta x, \varDelta y \to 0} \frac{P(x < X \leq x+\varDelta x, \ y < Y \leq y+\varDelta y)}{\varDelta x \varDelta y}$$

とし，$f(x, y)$ を同時確率密度関数 (joint probability function) と呼びます．
また，2変数の累積分布関数，

(4.4) $\quad F(x, y) \equiv P(X \leq x, Y \leq y) = \begin{cases} \sum_{u \leq x} \sum_{v \leq y} f(u, v) \\ \int_{-\infty}^{x} \int_{-\infty}^{y} f(u, v) du dv \end{cases}$

は，同時分布関数 (joint distribution function) または同時累積分布関数と呼ばれています．

4.1.2 共分散と相関係数

2変数の関係を表すものに共分散 (covariance) と相関係数 (correlation coefficient) があります．共分散は，

(4.5) $\quad Cov(X, Y) = \sigma_{XY} = E[(X - \mu_X)(Y - \mu_Y)], \quad \mu_X = E(X), \quad \mu_Y = E(Y)$

で表されます．離散型の確率変数の場合，

(4.6) $\quad \sigma_{xy} = \sum_x \sum_y \{(X - \mu_X)(Y - \mu_Y)\} f(x, y)$

で，連続型の場合

(4.7) $\quad \sigma_{xy} = \int_{-\infty}^{\infty} \int_{-\infty}^{\infty} (X - \mu_X)(Y - \mu_Y) f(x, y) dx dy$

となります．

なお，一般に，確率変数 X, Y の関数 $\varphi(X, Y)$ の期待値 $E[\varphi(X, Y)]$ は，

(4.9) $\quad E[\varphi(X, Y)] = \begin{cases} \sum_x \sum_y \varphi(x, y) f(x, y), & \text{離散型の場合} \\ \int_0^{\infty} \int_0^{\infty} \varphi(x, y) f(x, y) dx dy, & \text{連続型の場合} \end{cases}$

となります．

共分散は，$(-\infty, \infty)$ までの値をとり，2変数の関係を表すものとして，わかりやすいものではありません．相関係数は，共分散を X, Y の標準偏差 σ_X, σ_Y で割って，基準化して，

(4.10) $\quad \rho = \dfrac{\sigma_{XY}}{\sigma_X \sigma_Y}$

としたものです．相関係数 ρ は，

(4.11) $\quad -1 \leq \rho \leq 1$

を満足し，

ⅰ) $Y = a + bX$, $a > 0$ の場合，$\rho = 1$,

ii) X が増加すると Y も増加する傾向がある場合, $\rho > 0$,
iii) X が増加すると Y が減少する傾向がある場合, $\rho < 0$,
iv) $Y = a + bX$, $a < 0$ の場合, $\rho = -1$

となります.

4.1.3 周辺確率分布, 条件付確率分布および独立

a. 周辺確率

2変数の場合, X と Y の個々の確率分布を周辺確率分布 (marginal probability distribution) と呼びます. 離散型の場合, それらの確率関数は,

$$(4.12) \quad g(x) = \sum_y f(x, y), \quad h(y) = \sum_x f(x, y)$$

で, 連続型の分布の場合, 周辺密度関数は,

$$(4.13) \quad g(x) = \int_{-\infty}^{\infty} f(x, y) dy, \quad h(y) = \int_{-\infty}^{\infty} f(x, y) dx$$

で与えられます.

b. 条件付確率

ここで, X, Y が離散型であるとします. 第1章で説明したように, Y の値が与えられた場合 ($Y = y$) の X の条件付確率 (conditional probability), および, X の値が与えられた場合 ($X = x$) の Y の条件付確率は,

$$(4.14) \quad \begin{aligned} P(X = x | Y = y) &= \frac{P(X = x, Y = y)}{P(Y = y)} \\ P(Y = y | X = x) &= \frac{P(X = x, Y = y)}{P(X = x)} \end{aligned}$$

ですので, それぞれの変数の条件付確率関数は,

$$(4.15) \quad \begin{aligned} g(x|y) &= P(X = x | Y = y) = \frac{f(x, y)}{h(y)} \\ h(y|x) &= P(Y = y | X = x) = \frac{f(x, y)}{g(x)} \end{aligned}$$

となります.

連続型の変数も (任意の x, y に対して $P(X = x) = P(Y = y) = 0$ ですので, 直感的には, 条件付確率は考えにくいのですが) 離散型の場合を拡張して, 条件付確率密度関数 (conditional probability density function) を $g(x) \neq 0$, $h(y) \neq 0$ の x, y に対して,

$$(4.16) \quad g(x|y) = \frac{f(x,y)}{h(y)}$$

$$h(y|x) = \frac{f(x,y)}{g(x)}$$

と定義します．

式 (4.14), (4.16) から，連続，離散の両方の場合で，

$$(4.17) \quad f(x,y) = g(x|y)h(y)$$
$$= h(y|x)g(x)$$

が成り立ちます．また，条件付確率も

$$(4.18) \quad \sum_x g(x|y) = 1, \quad \sum_y h(y|x) = 1 \quad （離散型の場合）$$
$$\int_{-\infty}^{\infty} g(x|y)dx = 1, \quad \int_{-\infty}^{\infty} h(y|x)dx = 1 \quad （連続型の場合）$$

という確率関数，確率密度関数の条件を満足します．

また，条件付確率分布から期待値，分散を求めることができます．これらは条件付期待値 (conditional expectation)，条件付分散 (conditional variance) と呼ばれ，条件付期待値は，

$$(4.19) \quad \mu_{X|y} = E(X|y) = E(X|Y=y) = \begin{cases} \sum_x x g(x|y) \\ \int_{-\infty}^{\infty} x g(x|y)dx \end{cases}$$

$$\mu_{Y|x} = E(Y|x) = E(Y|X=x) = \begin{cases} \sum_y y h(y|x) \\ \int_{-\infty}^{\infty} y h(y|x)dy \end{cases}$$

で求められます．条件付分散は，

$$(4.20) \quad V(X|y) = E[(X-\mu_{X|y})^2|y] = \begin{cases} \sum_x (x-\mu_{X|y})^2 g(x|y) \\ \int_{-\infty}^{\infty} (x-\mu_{X|y})^2 g(x|y)dx \end{cases}$$

$$V(Y|x) = E[(Y-\mu_{Y|x})^2|x] = \begin{cases} \sum_y (y-\mu_{Y|x})^2 h(y|x) \\ \int_{-\infty}^{\infty} (y-\mu_{Y|x})^2 h(y|x)dy \end{cases}$$

で与えられます．X の条件付期待値，分散 $\mu_{X|y}$, $V(X|y)$ は y の関数，Y の条件付期待値，分散 $\mu_{Y|x}$, $V(Y|x)$ は x の関数となっていることに注意してください．

c. 独　　　立

X と Y が独立の場合は

(4.21)
$$g(x|y)=g(x)$$
$$h(y|x)=h(y)$$

となります．これを式(4.17)に代入すると，

(4.22) $$f(x,y)=g(x)h(y)$$

となります．式(4.22)は $g(x)=0$, $h(y)=0$ の場合を含みますので，式(4.22)がすべての x, y で成り立つ場合を独立，すなわち，

(4.23) $$X \text{ と } Y \text{ が独立} \Leftrightarrow f(x,y)=g(x)h(y)$$

とします．

d. 独立の場合の相関係数

ここで，X と Y が独立の場合，

(4.24)
$$\begin{aligned}Cov(X, Y)&=\int_{-\infty}^{\infty}\int_{-\infty}^{\infty}(x-\mu_X)(y-\mu_Y)f(x,y)dxdy\\&=\int_{-\infty}^{\infty}\int_{-\infty}^{\infty}(x-\mu_X)(y-\mu_Y)g(x)h(y)dxdy\\&=\left\{\int_{-\infty}^{\infty}(x-\mu_X)g(x)dx\right\}\left\{\int_{-\infty}^{\infty}(y-\mu_Y)h(y)dy\right\}=0\end{aligned}$$

ですので，(離散型，連続型のいずれでも) 独立であれば，相関係数 $\rho=0$ です．(離散型の場合は，記号 $\int$ を合計の記号 $\sum$ に換えます．) しかしながら，相関係数 $\rho=0$ であっても独立とは限りません．たとえば，X が $(-1,1)$ の一様分布 $U(-1,1)$ に従い，$Y=X^2$ の場合を考えてみます．X と Y の間には密接な関係があり独立ではありませんが，相関係数を計算すると $\rho=0$ となります．一般に，独立の場合，

(4.25)
$$E(XY)=E(X)E(Y)$$
$$E[\varphi(X)\psi(Y)]=E[\varphi(X)]E[\psi(Y)]$$

が成り立ちます．

4.1.4 確率変数の和の分布と期待値，分散

a. 確率変数の和の分布

Z を2つの変数 X, Y の和 $Z=X+Y$ とすると，この変数の確率関数，確率密度関数は，

$$(4.26) \quad k(z) = \begin{cases} \sum_{x} f(x, z-x) & \text{(離散型)} \\ \int_{-\infty}^{\infty} f(x, z-x)dx & \text{(連続型)} \end{cases}$$

となります．特に X と Y が独立の場合，

$$(4.27) \quad k(z) = \begin{cases} \sum_{x} g(x)h(z-x) & \text{(離散型)} \\ \int_{-\infty}^{\infty} g(x)h(z-x)dx & \text{(連続型)} \end{cases}$$

となりますが，これを，たたみこみ(convolution)と呼び，$k = g * h$ と表します．

b. 再 生 性

一般には，確率変数の和の分布は，式(4.26)，(4.27)から計算する必要があります．しかしながら，一部の分布では，独立な確率変数の和を同一の分布形(確率関数，確率密度関数が同一でパラメータの値のみが変化する)で表すことができます．このような場合，分布は再生的(reproductive)であるといいます．二項分布，ポアソン分布，負の二項分布，ガンマ分布，正規分布は次の再生性が成り立ちます．(X と Y は独立とします．)

ⅰ) 二項分布
$$X \sim Bi(n_1, p), \ Y \sim Bi(n_2, p) \ \Rightarrow \ Z = X + Y \sim Bi(n_1 + n_2, p)$$

ⅱ) ポアソン分布
$$X \sim Po(\lambda_1), \ Y \sim Po(\lambda_2) \ \Rightarrow \ Z = X + Y \sim Po(\lambda_1 + \lambda_2)$$

ⅲ) 負の二項分布
$$X \sim NeBi(r_1, p), \ Y \sim NeBi(r_2, p) \ \Rightarrow \ Z = X + Y \sim NeBi(r_1 + r_2, p)$$

ⅳ) 正規分布
$$X \sim N(\mu_1, \sigma_1^2), \ Y \sim N(\mu_2, \sigma_2^2) \ \Rightarrow \ Z = X + Y \sim N(\mu_1 + \mu_2, \sigma_1^2 + \sigma_2^2)$$

ⅴ) ガンマ分布
$$X \sim Ga(\alpha_1, \beta), \ Y \sim Ga(\alpha_2, \beta) \ \Rightarrow \ Z = X + Y \sim Ga(\alpha_1 + \alpha_2, \beta)$$

これらの関係は，確率関数，確率密度関数を計算しなくとも，モーメント母関数，特性関数から求めることができます．たとえば，二項分布の場合，X, Y のモーメント母関数は，

$$(4.28) \quad \begin{aligned} M_X(t) &= (q + pe^t)^{n_1} \\ M_Y(t) &= (q + pe^t)^{n_2} \end{aligned}$$

です．X と Y は独立ですので，式(4.25)から $Z = X + Y$ のモーメント母関数

は，2つの積になり，

(4.29) $$M_Z(t)=M_X(t)\cdot M_Y(t)=(q+pe^t)^{n_1+n_2}$$

となりますが，これは $Bi(n_1+n_2, p)$ のモーメント母関数です．モーメント母関数が同一の場合，分布は同一ですので，これから二項分布の再生性が求められます．（特性関数を使っても同一の証明を行うことができます．）

c. 確率変数の和の期待値，分散

$Z=X+Y$ の期待値は，

(4.30) $$E(Z)=E(X+Y)=E(X)+E(Y)=\mu_X+\mu_Y$$

と2つの変数の期待値の和となります．一方，分散は，

$$\begin{aligned}(4.31)\quad V(X+Y)&=E[\{(X+Y)-(\mu_X+\mu_Y)\}^2]\\&=E[(X-\mu_X)^2]+E[(Y-\mu_X)^2]\\&\quad+2E[(X-\mu_X)(Y-\mu_Y)]\\&=V(X)+V(Y)+2Cov(X,Y)\\&=\sigma_X^2+\sigma_Y^2+2\sigma_{XY}\end{aligned}$$

で，一般には2つの変数の分散の和とはなりません．X と Y が独立の場合は，

(4.32) $$V(X+Y)=\sigma_X^2+\sigma_Y^2$$

となり，各々の分散の和となりますが，これは一般には成り立ちませんので注意してください．

4.2　n 次元の確率分布

4.2.1　同時確率分布

これまでは，2つの確率変数 X, Y が存在する2次元の場合について説明しました．本項では，これを一般化して，n 個の確率変数が存在する場合について説明します．

n 個の確率変数 $X_1, X_2, \cdots, X_n$ が存在し，それが離散型であったとします．この場合，その同時確率分布は，

(4.33) $$f(x_1, x_2, \cdots, x_n)=P(X_1=x_1, X_2=x_2, \cdots, X_n=x_n)$$

で表されます．

$X_1, X_2, \cdots, X_n$ が連続型の場合，$X_1, X_2, \cdots, X_n$ が $(x_1, x_2, \cdots, x_n)$ と $(x_1+\Delta x_1, x_2+\Delta x_2, \cdots, x_n+\Delta x_n)$ で決まる n 次元の直方体に入る確率

$$P(x_1<X_1\leq x_1+\Delta x_1,\ x_2<X_2\leq x_2+\Delta x_2,\ \cdots,\ x_n<X_n\leq x_n+\Delta x_n)$$

を考えます．これは，$\Delta x_1, \Delta x_2, \cdots, \Delta x_n$ を小さくすると 0 に収束しますので，その (n 次元の) 直方体の体積 $\Delta x_1 \Delta x_2 \cdots \Delta x_n$ で割って $\Delta x_1, \Delta x_2, \cdots, \Delta x_n \to 0$ とした極限を考えます．(極限は存在するものとします．) すなわち，

$$(4.34) f(x_1, x_2, \cdots, x_n) = \lim_{\Delta x_1, \Delta x_2, \cdots, \Delta x_n \to 0} \frac{P(x_1 < X_1 \leq x_1 + \Delta x_1, \ x_2 < X_2 \leq x_2 + \Delta x_2, \ \cdots, \ x_n < X_n \leq x_n + \Delta x_n)}{\Delta x_1 \Delta x_2 \cdots \Delta x_n}$$

を考えます．2 次元の場合と同様，$f(x_1, x_2, \cdots, x_n)$ を同時確率密度関数と呼びます．また，同時分布関数 $F(x_1, x_2, \cdots, x_n) \equiv P(X_1 \leq x_1, \ X_2 \leq x_2, \ \cdots, \ X_n \leq x_n)$ は，すべての変数について和を計算する (離散型) または重積分する (連続型) ことから求められ，

$$(4.35) \quad F(x_1, x_2, \cdots, x_n) = \begin{cases} \sum_{u_1 \leq x_1} \sum_{u_2 \leq x_2} \cdots \sum_{u_n \leq x_n} f(u_1, u_2, \cdots, u_n) \\ \int_{-\infty}^{x_1} \int_{-\infty}^{x_2} \cdots \int_{-\infty}^{x_n} f(u_1, u_2, \cdots, u_n) du_1 du_2 \cdots du_n \end{cases}$$

となります．

4.2.2 周辺分布，条件付分布，独立

a. $n-1$ 個以下の変数の分布

2 変数の場合に周辺確率分布を求めたのと同様に，$f(x_1, x_2, \cdots, x_n)$ をある変数について和を求める (離散型)・重積分する (連続型) ことによって，$n-1, n-2, \cdots, 2, 1$ の同時確率分布，周辺確率分布を求めることができます．以後，簡単のために，連続型の変数を使って説明を行います．(離散型の場合は，同時確率分布を考え，積分記号 $\int$ を合計記号 $\sum$ に変えれば，まったく同様のことが成り立ちます．) $(x_1, x_2, \cdots, x_{n-1}), (x_1, x_2, \cdots, x_{n-2}), \cdots, (x_1, x_2)$ の同時確率密度関数は，

$$g_1(x_1, x_2, \cdots, x_{n-1}) = \int_{-\infty}^{\infty} f(x_1, x_2, \cdots, x_{n-1}, x_n) dx_n$$

$$g_2(x_1, x_2, \cdots, x_{n-2}) = \int_{-\infty}^{\infty} g_1(x_1, x_2, \cdots, x_{n-1}) dx_{n-1}$$

$$(4.36) \qquad\qquad = \int_{-\infty}^{\infty} \int_{-\infty}^{\infty} f(x_1, x_2, \cdots, x_n) dx_n dx_{n-1}$$

$$\vdots$$

$$g_{n-2}(x_1, x_2) = \int_{-\infty}^{\infty} g_{n-3}(x_1, x_2, x_3) dx_3$$

$$= \int_{-\infty}^{\infty} \int_{-\infty}^{\infty} \cdots \int_{-\infty}^{\infty} f(x_1, x_2, \cdots, x_n) dx_n dx_{n-1} \cdots dx_3$$

です.

また，X_1 の確率密度関数 $f_1(x_1)$ は，

$$(4.37) \quad f_1(x_1) = \int_{-\infty}^{\infty}\int_{-\infty}^{\infty}\cdots\int_{-\infty}^{\infty} f(x_1, x_2, \cdots, x_n) dx_n dx_{n-1}\cdots dx_2$$

で与えられます.

$X_{k+1} = x_{k+1}, X_{k+2} = x_{k+2}, \cdots, X_n = x_n$ が与えられた場合の条件付確率分布は，h を $X_{k+1}, X_{k+2}, \cdots, X_n$ の同時確率密度関数とすると，

$$(4.38) \quad g_k(x_1, x_2, \cdots, x_k | x_{k+1}, x_{k+2}, \cdots, x_n) = \frac{f(x_1, x_2, \cdots, x_n)}{h(x_{k+1}, x_{k+2}, \cdots, x_n)}$$

となります.

b. 独 立

$f_1, f_2, \cdots, f_n$ を個々の確率変数の周辺確率密度関数とした場合，$f(x_1, x_2, \cdots, x_n)$ が $f_1, f_2, \cdots, f_n$ の積で

$$(4.39) \quad f(x_1, x_2, \cdots, x_n) = f_1(x_1) f_2(x_2) \cdot \cdots \cdot f_n(x_n) = \prod_{i=1}^{n} f_i(x_i)$$

となる場合，$X_1, X_2, \cdots, X_n$ は互いに独立となります. $\prod_{i=1}^{n}$ は n 個の掛け算を表す記号です.

さらに，$X_1, X_2, \cdots, X_k$ の同時確率密度関数が $g(x_1, x_2, \cdots, x_k)$，$X_{k+1}, X_{k+2}, \cdots, X_n$ の同時確率密度関数が $h(x_{k+1}, x_{k+2}, \cdots, x_n)$ であるとします.

$$(4.40) \quad f(x_1, x_2, \cdots, x_n) = g(x_1, x_2, \cdots, x_k) h(x_{k+1}, x_{k+2}, \cdots, x_n)$$

である場合，$(X_1, X_2, \cdots, X_k)$ と $(X_{k+1}, X_{k+2}, \cdots, X_n)$ は独立となります.（この場合，変数の属するグループが異なれば独立ですが，同じグループ内では独立でありません.）

c. k 個の確率変数の和の期待値，分散

k 個の確率変数 $X_1, X_2, \cdots, X_k$ の和 $Z = X_1 + X_2 + \cdots + X_k = \sum X_i$ の期待値，分散を求めてみます. 期待値は個々の期待値の和で，

$$(4.41) \quad \begin{aligned} E(Z) &= E(X_1 + X_2 + \cdots + X_k) = E(X_1) + E(X_2) + \cdots + E(X_k) \\ &= \mu_1 + \mu_2 + \cdots + \mu_k = \sum \mu_i \\ \mu_i &= E(X_i) = \int_{-\infty}^{\infty} x_i f_i(x) dx \end{aligned}$$

です.

分散は，

$$V(Z) = E[\{Z - E(Z)\}^2] = E[\{(X_1 - \mu_1) + (X_2 - \mu_2) + \cdots + (X_k - \mu_k)\}^2]$$

$$= \sum_{i=1}^{k}(X_i - \mu_i)^2 + 2\sum_{i<j}(X - \mu_i)(X_j - \mu_j)$$

(4.42)
$$= \sum_{i=1}^{k} V(X_i) + 2\sum_{i<j} Cov(X_i, X_j)$$

$$= \sum_{i=1}^{k} \sigma_i^2 + 2\sum_{i<j} \sigma_{ij},$$

$$\sigma_i^2 = V(X_i), \qquad \sigma_{ij} = Cov(X_i, X_j)$$

となります．$\sum_{i<j}$ は $i<j$ の組み合わせすべてについて加えることを意味します．$X_1, X_2, \cdots, X_k$ が互いに独立の場合は，

(4.43)
$$V(Z) = \sum_{i=1}^{n} \sigma_i^2$$

で，各々の分散の和となります．2変数の和の場合と同様，式(4.43)は一般には成り立ちませんので注意してください．

なお，一般に，連続型の確率変数 $X_1, X_2, \cdots, X_n$ の関数 $\varphi(X_1, X_2, \cdots, X_n)$ の期待値 $E[\varphi(X_1, X_2, \cdots, X_n)]$ は，

(4.44) $E[\varphi(X_1, X_2, \cdots, X_n)]$
$$= \int_{-\infty}^{\infty} \cdots \int_{-\infty}^{\infty} \varphi(x_1, x_2, \cdots, x_n) f(x_1, x_2, \cdots, x_n) dx_1 dx_2 \cdots dx_n$$

となります．離散型の場合は，積分記号 $\int$ を合計記号 $\sum$ に変えます．

〈例〉

$k=3$ の場合，
(4.45)
$$V(z) = \sigma_1^2 + \sigma_2^2 + \sigma_3^2 + 2\sigma_{12} + 2\sigma_{13} + 2\sigma_{23}$$

となります．

d. 確率変数の線形和の期待値，分散

前項では，確率変数の単純な和の分散を考えましたが，ここでは，その線形和，

(4.46)
$$Z = \sum_{i=1}^{k} a_i X_i$$

の期待値，分散を考えてみます．期待値，分散は，

$$(4.47) \quad \begin{aligned} E(Z) &= \sum_{i=1}^{k} a_i \mu_i \\ V(Z) &= \sum_{i=1}^{k} a_i^2 \sigma_i^2 + 2 \sum_{i<j} a_i a_j \sigma_{ij} \end{aligned}$$

です．k が大きくなると式 (4.47) の計算は面倒のようですが，ベクトルと行列を使うとこれを簡単に計算することができます．いま，a, μ が $k \times 1$ のベクトル，Σ が $k \times k$ の行列で，

$$(4.48) \quad a = \begin{bmatrix} a_1 \\ a_2 \\ \vdots \\ a_k \end{bmatrix}, \quad \mu = \begin{bmatrix} \mu_1 \\ \mu_2 \\ \vdots \\ \mu_k \end{bmatrix}, \quad \Sigma = \begin{bmatrix} \sigma_1^2 & \sigma_{12} & \cdots & \sigma_{1k} \\ \sigma_{12} & \sigma_2^2 & \cdots & \vdots \\ \vdots & \cdots & \ddots & \sigma_{k-1,k} \\ \sigma_{1k} & \cdots & \sigma_{k-1,k} & \sigma_k^2 \end{bmatrix}$$

とします．Σ は分散共分散行列 (variance-covariance matrix) と呼ばれています．これらを使うと，期待値および分散は，

$$(4.49) \quad E(Z) = a' \mu, \qquad V(Z) = a' \Sigma a$$

となります．a' は (行と列の関係を入れ換えた) a の転置ベクトルです．Excel には行列の計算を行う関数がありますので，簡単に計算することができます．

4.3 連続型の確率変数の変換

4.3.1 2次元の確率変数の変数変換

実際の問題では，対数をとるなど，確率変数の変換が必要となります．1つの確率変数の変換については第3章で説明しました．ここでは，2次元の連続型の変数 (X_1, X_2) を (Y_1, Y_2) に変換した場合の同時確率分布について説明します．

$$(4.50) \quad Y_1 = \varphi_1(X_1, X_2), \qquad Y_2 = \varphi_2(X_1, X_2)$$

とします．(詳細は省略しますが，変換は必要な単調性の条件を満足するものとし，関数は微分可能であるとします．) φ_1, φ_2 の逆関数を ψ_1, ψ_2 とし，

$$(4.51) \quad X_1 = \psi_1(Y_1, Y_2), \qquad X_2 = \psi_2(Y_1, Y_2)$$

であるとします．(X_1, X_2) および (Y_1, Y_2) の同時密度関数を $f(x_1, x_2), g(y_1, y_2)$ とします．

(y_1, y_2) 平面で，(y_1, y_2) を起点とする2辺の長さが $\Delta y_1, \Delta y_2$ の長方形の (x_1, x_2) 平面への写像を考えると，図4.1のように，平行四辺形 (長さばかりでなく形も歪むため) となります．$((x_1, x_2)$ 平面から (y_1, y_2) 平面への写像を考えても同一の

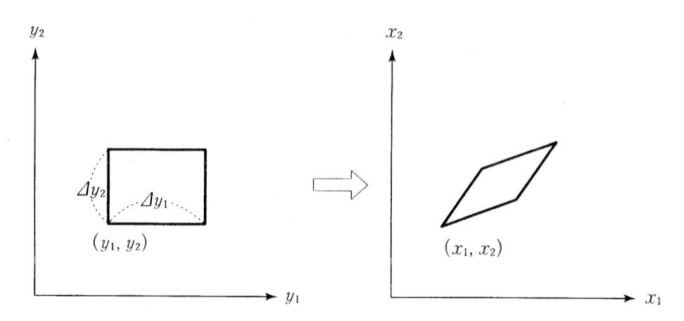

図 4.1 (y_1, y_2) 平面で，(y_1, y_2) を起点とする 2 辺の長さが $\Delta y_1, \Delta y_2$ の長方形の (x_1, x_2) 平面への写像を考えると，平行四辺形（長さばかりでなく形も歪むため）となる．

結果を得ることができますが，説明が簡単になりますので，(y_1, y_2) 平面から (x_1, x_2) 平面への写像を考えます．）$x_1 = \psi_1(y_1, y_2), x_2 = \psi_2(y_1, y_2)$ とすると，長方形を構成する各点は，

(4.52)
$$(y_1, y_2) \to (x_1, x_2)$$
$$(y_1 + \Delta y_1, y_2) \to (x_1 + a_{11}\Delta y_1, x_2 + a_{12}\Delta y_1)$$
$$(y_1, y_2 + \Delta y_2) \to (x_1 + a_{21}\Delta y_2, x_2 + a_{22}\Delta y_2)$$
$$(y_1 + \Delta y_1, y_2 + \Delta y_2) \to (x_1 + a_{11}\Delta y_1 + a_{21}\Delta y_2, x_2 + a_{12}\Delta y_1 + a_{22}\Delta y_2)$$
$$a_{11} = \frac{\partial \psi_1}{\partial y_1}, \quad a_{12} = \frac{\partial \psi_2}{\partial y_1}, \quad a_{21} = \frac{\partial \psi_1}{\partial y_2}, \quad a_{22} = \frac{\partial \psi_2}{\partial y_2}$$

に変換されます．ここで，$0, (a, b), (c, d), (a+c, b+d)$ を頂点とする平行四辺形の面積 $(a, b, c, d > 0)$ は，

(4.53)
$$(a+c)(b+d) - ab - (b+b+d)c = ad - bc$$

です．(x_1, x_2) 平面に写像された平行四辺形の面積は，

(4.54)
$$(a_{11}a_{22} - a_{12}a_{21})\Delta y_1 \Delta y_2 = \delta \Delta y_1 \Delta y_2$$
$$\delta = |\boldsymbol{A}|, \quad \boldsymbol{A} = \begin{bmatrix} a_{11} & a_{12} \\ a_{21} & a_{22} \end{bmatrix}$$

となります．$|\boldsymbol{A}|$ は $\boldsymbol{A}$ の行列式でヤコビアンまたはヤコブ関数と呼ばれます．したがって，

(4.55)
$$g(y_1, y_2) = f\{\psi_1(y_1, y_2), \psi_2(y_1, y_2)\}|\boldsymbol{A}|$$

となります．変換された変数の同時確率密度関数にはヤコビアンがかかってくることに注意してください．

4.3.2 n次元の確率変数の変数変換

式 (4.55) は3つ以上の変数の変換でも成り立ち,
$$Y_1=\varphi_1(X_1, X_2, \cdots, X_k), \quad Y_2=\varphi_2(X_1, X_2, \cdots, X_k), \quad \cdots, \quad Y_k=\varphi_k(X_1, X_2, \cdots, X_k)$$
とします. $\varphi_1, \varphi_2, \cdots, \varphi_k$ の逆関数を $\psi_1, \psi_2, \cdots, \psi_k$, $(X_1, X_2, \cdots, X_k)$ および $(Y_1, Y_2, \cdots, Y_k)$ の同時密度関数を $f(x_1, x_2, \cdots, x_k)$, $g(y_1, y_2, \cdots, y_k)$ とすると,

(4.56) $\quad g(y_1, y_2, \cdots, y_k)$
$\quad\quad = f\{\psi_1(y_1, y_2, \cdots, y_k), \psi_2(y_1, y_2, \cdots, y_k), \cdots, \psi_k(y_1, y_2, \cdots, y_k)\}|A|$

$\boldsymbol{A}=(i, j)$ 要素が $\partial \psi_j / \partial y_i$ である $k \times k$ の行列

となります.

4.4 多次元の確率分布の例

4.4.1 多項分布

二項分布は, 0 (失敗) と 1 (成功) の2つの状態をとるベルヌーイ試行を n 回繰り返した場合の成功回数の確率を与える分布でした. いま, これを一般化して, 2つの状態ではなく, 各試行で $k \geq 2$ の異なった状態 $A_1, A_2, \cdots, A_k$ のいずれか1つをとるとし, p_i を A_i となる確率とします. この試行を n 回行い, 各試行の結果は独立であるとします. X_i を A_i となる回数とすると, $X_1, X_2, \cdots, X_k$ の同時確率分布は,

(4.57)
$$f(x_1, x_2, \cdots, x_k) = P(X_1=x_1, X_2=x_2, \cdots, X_k=x_k) = n! \prod_{i=1}^{k}\left(\frac{p_i^{x_i}}{x_i!}\right),$$
$$x_i=0, 1, 2, \cdots, n, \quad \sum_{i=1}^{k} x_i = n$$

となりますが, この分布を多項分布 (multinomial distribution) と呼びます.

4.4.2 多変量正規分布

多次元の分布で最も重要なものは, 正規分布を多次元へ拡張した多変量 (多次元) 正規分布 (multivariate normal distribution) です. $X_1, X_2, \cdots, X_k$ が多変量 (k 変量) 正規分布に従うとき, その同時確率密度関数は,

$$f(x) = \frac{1}{(2\pi)^{k/2}|\boldsymbol{\Sigma}|^{1/2}} \exp\left\{-\frac{1}{2}(\boldsymbol{x}-\boldsymbol{\mu})'\boldsymbol{\Sigma}^{-1}(\boldsymbol{x}-\boldsymbol{\mu})\right\}$$

(4.58)
$$\boldsymbol{x} = \begin{bmatrix} x_1 \\ x_2 \\ \vdots \\ x_k \end{bmatrix}, \quad \boldsymbol{\Sigma} = \begin{bmatrix} \sigma_1^2 & \sigma_{12} & \cdots & \sigma_{1k} \\ \sigma_{12} & \sigma_2^2 & \cdots & \vdots \\ \vdots & \cdots & \ddots & \sigma_{k-1,k} \\ \sigma_{1k} & \cdots & \sigma_{k-1,k} & \sigma_k^2 \end{bmatrix},$$

$$\sigma_i^2 = V(X_i), \qquad \sigma_{ij} = Cov(X_i, X_j)$$

となります. $\boldsymbol{x}$ は k 次元のベクトル, $\boldsymbol{\Sigma}$ は $k \times k$ の分散共分散行列で, 正値定符合行列 (positive definite matrix) であるとします.

$X_1, X_2, \cdots, X_k$ 多変量 (k 変量) 正規分布に従うとき, その任意の線形和, $Z = \sum_{i=1}^{k} a_i X_i$ は (定数となる場合を除く) 正規分布に従います.

4.5 リーマン・スティルチェス積分

これまでは, 期待値を計算する場合など, 離散型と連続型の確率変数を分けて扱ってきました. これでは, 表記が複雑になり, 離散型と連続型の混合分布の場合などの扱いが大変です. 離散型・連続型のいずれでも分布関数は定義されますので, 分布関数を使って, 期待値などを表すことが考えられます. いま, 離散型の確率変数の期待値を考えると, これは, とりうる値にその確率を掛けて加えたものです. また, 連続型の場合は, 微小区間を考えて, 同様のことを行い, 区間の幅 $\to 0$ の極限を考えました. 分布関数の定義から, ある区間 $(x_i, x_{i+1}]$ に入る確率は, $F(x_{i+1}) - F(x_i)$ ですので, これを使って積分期待値を定義します. $Y = g(X)$ として, g をボレル可測な関数とします. (ボレル可測については, 第6章で説明します.) $a < b$ とし, a, b 間を $x_{i+1} = x_i + \Delta x$, $i = 0, 1, \cdots, n$, $\Delta x = (b-a)/n$ によって n 個の等間隔の区間に分けます. x_i^* を $(x_i, x_{i+1}]$ に含まれる適当な値とし,

(4.59)
$$S_n = \sum_{i=0}^{n-1} g(x_i^*)\{F(x_{i+1}) - F(x_i)\}$$

とします. いま, $n \to \infty$ の場合, x_i^* の選択によらず同一の値に収束する場合 (S_n の値を最も大きくするように x_i^* の値を選択した場合の値 $\overline{S}_n$ でも, 最も小さくするように x_i^* の値を選択した場合の値 $\underline{S}_n$ でも同一の値に収束する), これをリーマン・スティルチェス積分 (Rieman-Stieltjes integral) と呼び,

$$\int_a^b g(x)dF(x)$$

と表します．したがって，$Y=g(X)$ の期待値は，

(4.60) $$E(x)=\int_{-\infty}^{\infty} g(x)dF(x)$$

となります．

x が離散型の確率変数で，確率関数が $f(x)$，とりうる値が $a_1, a_2, \cdots, a_k$ とします．区間の幅が十分小さい場合，

(4.61) $$F(x_{i+1})-F(x_i)=\begin{cases} 0, & (x_i, x_{i+1}] \text{ が } a_1, a_2, \cdots, a_k \text{ を含んでいない場合} \\ f(a_j), & a_j \in (x_i, x_{i+1}] \end{cases}$$

ですので，これは，第2章で述べた離散型の確率変数の期待値の定義と一致します．また，x が連続型の確率変数の場合，確率密度関数を $f(x)$ とすると，

(4.62) $$\lim_{\Delta x \to 0} \frac{F(x+\Delta x)-F(x)}{\Delta x}=f(x) \Leftrightarrow dF(x)=f(x)dx$$

ですので，連続型の確率変数の期待値の定義と一致します．

式 (4.60) の表現は，離散型・連続型（およびその混合）のいずれでも表すことができることになります．以後，本書では，確率変数の期待値はリーマン・スティルチェス積分を使い，離散型・連続型を区別せずに表すこととします．

リーマン・スティルチェス積分では，積分が定義されるためには，g が適当な連続性を有する必要があります．g が無限個の不連続点を持つと，$\overline{S}_n$ と $\underline{S}_n$ が同一の値に収束せず，積分が定義されない場合が起こります．このためには，ルベーグ・スティルチェス積分 (Lebesgue-Stieltjes integral) を考える必要がありますが，本書が扱う内容では，リーマン・スティルチェス積分で十分ですので，ルベーグ・スティルチェス積分についてはふれません．ルベーグ・スティルチェス積分に興味のある方は専門書を参照してください．

4.6　Excel による多次元分布の計算

ここでは，Excel の行列計算の関数を使って，確率変数の和の期待値・分散および多変量正規分布の同時確率密度関数の値を計算してみます．

4.6.1　確率変数の和の期待値，分散

Excel には，行列の計算を行う関数が組み込まれており，比較的簡単に行列の計算を行うことができます．これを使って，確率変数の和の期待値，分散を計算

4.6 Excel による多次元分布の計算

してみます．3変数の和を考え，

(4.63) $$Z = 0.5X_1 + 2X_2 - 0.5X_3$$

すなわち，

(4.64) $$a = \begin{bmatrix} 0.5 \\ 2.0 \\ -0.5 \end{bmatrix}$$

とします．X_1, X_2, X_3 の期待値および分散共分散行列は，

(4.65) $$\mu = \begin{bmatrix} 2.0 \\ 3.5 \\ -1.2 \end{bmatrix}, \quad \Sigma = \begin{bmatrix} 3.0 & 1.8 & 1.0 \\ 1.8 & 3.5 & -2.1 \\ 1.0 & -2.1 & 5.2 \end{bmatrix}$$

で与えられるとします．

Excel を起動してください．A1 に**確率変数の和の期待値・分散**と入力してください（図4.4）．3つのベクトル・行列を入力します．A3 に **a** と入力し，A4 から A6 までベクトル **a** の各要素の値を入力してください．同様に，C3 に μ，C4 から C6 までにベクトル μ の値を，E3 に Σ，E4 から行列 Σ の値を入力してください．（μ は「みゅー」，Σ は「しぐま」と入力して変換します．）

Excel の関数では行列の範囲を指定する必要がありますが，A4：A6 のようにいちいちセル番地で入力するのは面倒ですし，間違いのもとになりますので，名前をつけておきましょう．ベクトル **a** のデータ範囲の A4 から A6 までをドラッ

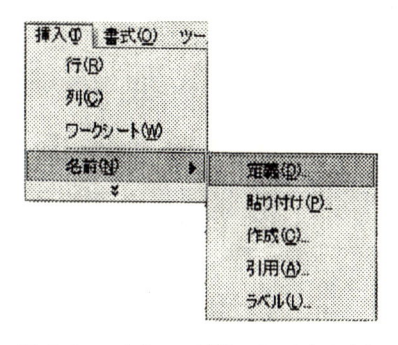

図4.2 ベクトル，行列のデータを入力し，データの範囲に名前をつける．データの範囲をドラッグして指定し，[挿入(I)]→[名前(N)]→[定義(D)] をクリックする．

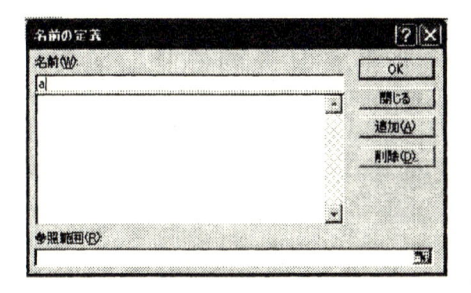

図4.3 「名前の定義」のボックスが開くので，[名前(W)] を **a** とし [OK] をクリックする．

グして指定します．[挿入(I)]→[名前(N)]→[定義(D)]をクリックします（図4.2）．「名前の定義」のボックスが開きますので，[名前(W)]を **a** とし（この場合は A3 に a と入力してありますので，a が自動的に「名前」として現れます．），[OK]をクリックします（図4.3）．同様に，ベクトル **μ** のデータ範囲（C4：C6）に **μ**，行列 **Σ** のデータ範囲（E4 から G6）に **Σ** と名前をつけてください．

a．転置ベクトルの計算

ベクトル **a** の転置ベクトル **a′** を求めてみます．転置ベクトルは行と列の関係を入れ替えたものですが，Excel の TRANSPOSE 関数を使って求めます．A9 に **a′** と入力してください（図4.4）．A10 に **=TRANSPOSE(a)** と入力して [Enter] キーを押してください．「#VALUE！」という表示が現れます．（これは通常はエラーメッセージですが，行列の転置の場合は続けて操作を行います．）**a′** は 1×3 のベクトルとなりますので，A10 から C10 までの 1 行 3 列をドラッグして指定します．画面上部の[数式バー]へマウスポインタを移動させ，クリックして[数式バー]を編集可能な状態とします．[Ctrl] キーと [Shift] キーを押しながら，[Enter] キーを押します．（以後これを [Ctrl]+[Shift]+[Enter] キーと表示します．この手順に従わないと行列の計算を行うことができません．）**a** の転置ベクトル **a′** が出力されます．**a′** のデータ範囲（A10：C10）に **at** と名前

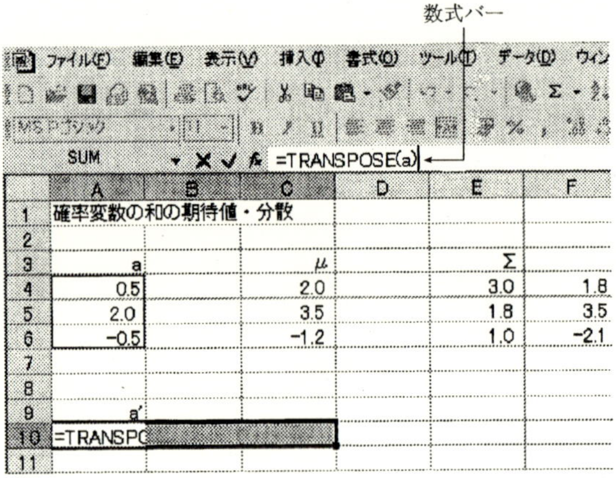

図4.4 A10 に **=TRANSPOSE(a)** と入力して [Enter] キーを押す．「#VALUE!」という表示が現れる．（A10 から C10 までドラッグして指定する．画面上部の[数式バー]へマウスポインタを移動させ，クリックして[数式バー]を編集可能な状態とする．[Ctrl] キーと [Shift] キーを押しながら，[Enter] キーを押す．

をつけてください．(「′」は Excel では範囲の名前として使うことはできませんので，transpose の頭文字の t を使って転置ベクトルを表すことにします．)

なお，関数を使った行列の計算では配列の一部を変更することはできません．入力ミスがあった場合は，その範囲をドラッグして指定し，[Delete] キーを押して計算結果をすべて削除してから計算式を再入力してください．

b. ベクトル，行列の積の計算

ベクトルと行列の積を計算して，期待値，分散を求めます．A13 に**期待値**と入力してください（図 4.5）．A14 に **=MMULT(at, μ)** と入力し [Enter] キーを押し，Z の期待値 8.6 を求めます．次に，Z の分散を計算します．A16 に分散の計算と入力してください．まず，$a'\Sigma$ を計算します．A17 に **a′Σ**，A18 に **=MMULT(at, Σ)** と入力します．[Enter] キーを押し，A18 から C18 までをドラッグして指定します．画面上部の [数式バー] へマウスポインタを移動させ，クリックして [数式バー] を編集可能な状態とし，[Ctrl]+[Shift]+[Enter] キーを押します．$a'\Sigma$ の計算結果が現れますので，これに **atΣ** と名前をつけます．さらに，$a'\Sigma a$ を計算して分散の値を求めます．A21 に**分散**，A22 に **=MMULT(atΣ, a)** と入力して，Z の分散 23.35 を計算します．

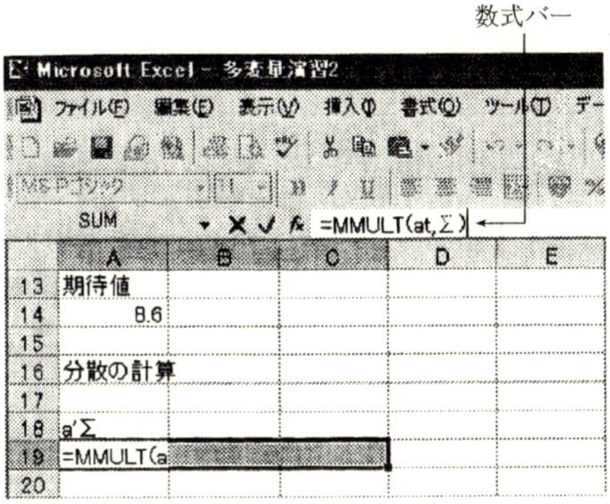

図 4.5 $a'\Sigma$ を計算する．A18 に **=MMULT(at, Σ)** と入力し，A18 から C18 までをドラッグして指定する．[数式バー] をクリックして [数式バー] を編集可能な状態とし，[Ctrl]+[Shift]+[Enter] キーを押す．

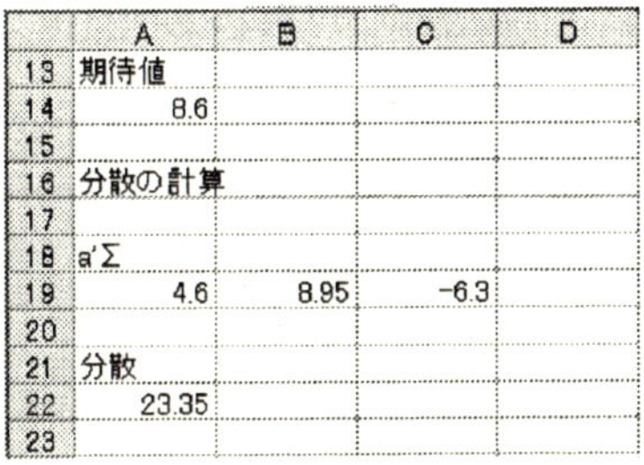

図 4.6 Z の期待値，分散の計算結果

4.6.2 多変量正規分布の同時確率密度関数の計算

X_1, X_2, X_3 が多変量正規分布に従うとして，その同時確率密度関数，

(4.66) $$f(x) = \frac{1}{(2\pi)^{k/2}|\Sigma|^{1/2}} \exp\left\{-\frac{1}{2}(x-\mu)'\Sigma^{-1}(x-\mu)\right\}$$

の値を求めてみます．I1 に**多変量正規分布の同時確率密度関数**と入力してください．

$$x = \begin{bmatrix} 1.0 \\ 2.0 \\ -1.0 \end{bmatrix}$$

における同時確率密度関数 $f(x)$ の値を求めてみます．I3 に **x**，I4 から I6 に x の値を入力してください (図4.7)．ベクトル $x-\mu$ を計算しますので，K3 に **x−μ**，K4 に **=I4−C4** と入力し，K4 を K6 まで複写してください．K4 から K6 に **xμ** と名前をつけてください．$(x-\mu)'$ を計算しますので，I8 に **(x−μ)'**，I9 に **TRANSPOSE(xμ)** と入力します．I9 から K9 までの範囲をドラッグして指定し [数式バー] をクリックして編集可能な状態として，[Ctrl]+[Shift]+[Enter] キーを押します．$(x-\mu)'$ の計算結果が現れますので，これに **xΣt** と名前をつけます．

次に，行列式 $|\Sigma|$ と逆行列 Σ^{-1} を求めます．I11 に $|\Sigma|$，J11 に **=MDETERM(Σ)** と入力して，$|\Sigma| = 13.462$ を求めてください (図4.8)．I13 に

図4.7　x の値を入力し，$x-\mu$ を計算する．TRANSPOSE 関数を使って，$(x-\mu)'$ を計算する．J11 に **=MDETERM(Σ)** と入力して，$|\Sigma|$ を求める．

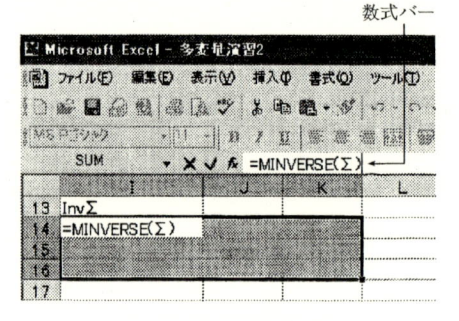

図4.8　I14 に **=MINVERSE(Σ)** と入力して，[Enter] キーを押し，I14 から K16 までの3行3列をドラッグして指定する．[数式バー] をクリックし，[Ctrl]+[Shift]+[Enter] キーを押すと Σ^{-1} が出力される．

	I	J	K
18	(x-μ)'InvΣ		
19	0.144406477	-0.65518	-0.2539
20			
21	(x-μ)'InvΣ(x-μ)	0.78758	
22			
23	分母部分	57.78626	
24	指数部分	0.674496	
25			
26	f(x)	0.011672	
27			

図4.9 MMULT関数を使って，$(x-\mu)'\Sigma^{-1}(x-\mu)$を計算する．最後に，同時確率密度関数$f(x)$の値を求めるが，分母部分と指数部分に分けて計算する．

Inv Σ，I14に＝**MINVERSE(Σ)** と入力し，[Enter]キーを押し，I14からK16までの3行3列をドラッグして指定します．[数式バー]をクリックし，[Ctrl]＋[Shift]＋[Enter]キーを押すとΣ^{-1}が出力されますので，これに**Inv Σ**と名前をつけてください．

$(x-\mu)'\Sigma^{-1}(x-\mu)$を計算します．I18に$(x-\mu)'$ **Inv Σ** と入力し，MMULT関数を使って，I19からK19に$(x-\mu)'\Sigma^{-1}$を計算し，**xμ Inv Σ** と名前をつけてください（図4.9）．I21に$(\mathbf{x}-\mu)'\mathbf{Inv\,\Sigma}(\mathbf{x}-\mu)$，J21に＝**MMULT(xμ Inv Σ, xμ)** と入力して，$(x-\mu)'\Sigma^{-1}(x-\mu)$の値を求めてください．

最後に，同時確率密度関数$f(x)$の値を求めます．かなり複雑な式なので，$(2\pi)^{k/2}|\Sigma|^{1/2}$と$\exp\{-1/2(x-\mu)'\Sigma^{-1}(x-\mu)\}$に分けて計算します．I23に**分母部分**，J23に**＝(2*PI())^(3/2)*J11^0.5**，I24に**指数部分**，J24に**＝EXP(−J21/2)** と入力してください．I26に**f(x)**，J26に**＝J24/J23** と入力して，$f(\mathbf{x})=0.011672$を求めてください．また，xの値を変更して，いろいろな点での$f(\mathbf{x})$の値を求めてみてください．

4.7 演習問題

1. 2つの確率変数X, Yがあり，そのとりうる値と確率は，次のとおりであったとします．

		\multicolumn{3}{c}{Y}	
		1	2	3
X	1	0.1	0.2	0.1
	2	0.2	0.1	0.3

i) XとYの周辺分布，条件付確率分布を求めてください．XとYが独立であるかどうかを答えてください．

ⅱ) X と Y の相関係数を求めてください.

2. $X_1, X_2, \cdots, X_n$ は独立で,同一の分布に従っているとし,
$$X_{\max} = \max\{X_1, X_2, \cdots, X_n\}$$
であるとします.

ⅰ) $n=2$ とし, $X_1, X_2, \cdots, X_n$ が $1, 2, \cdots, 10$ の 10 個の値を同じ確率($=0.1$)でとる場合の $X_{\max}$ の確率関数を求めてください.

ⅱ) 一般の n に対して,$X_{\max}$ の確率関数を求めてください.

ⅲ) $X_1, X_2, \cdots, X_n$ が,$1/k, 2/k, \cdots, (k-1)/k, 1.0$ の k 個の値を同じ確率($=1/k$)でとる場合の $X_{\max}$ の確率関数を求めてください.

ⅳ) $X_1, X_2, \cdots, X_n$ を連続型の変数とします.$X_1, X_2, \cdots, X_n$ が $(0,1)$ の一様分布 $U(0,1)$ に従う場合の $X_{\max}$ の確率密度関数を求めてください.

ⅴ) $X_1, X_2, \cdots, X_n$ の確率密度関数を $f(x)$,分布関数を $F(x)$ とします.$X_{\max}$ の確率密度関数を求めてください.

3. X, Y の同時確率密度関数が
$$f(x,y) = \begin{cases} x+y, & 0 \leq x \leq 1,\ 0 \leq y \leq 1 \text{ の場合} \\ 0, & \text{それ以外} \end{cases}$$
とします.

ⅰ) X, Y の周辺確率密度関数,条件付密度関数を求めてください.X と Y が独立であるかどうかを答えてください.

ⅱ) X, Y の相関係数を求めてください.

4. X_1, X_2, X_3 の分散が $1.0, 2.0, 3.0$,相関係数が $\rho_{12}=0.5$,$\rho_{23}=0.2$,$\rho_{13}=-0.3$ であるとします.(ρ_{ij} は X_i と X_j の相関係数です.)

ⅰ) $Z_1 = 3X_1 - 2X_2$ の分散を求めてください.

ⅱ) $Z_2 = 2X_1 - X_2 + 3X_3$ の分散を求めてください.

ⅲ) $Z_3 = aX_1 + (1-a)X_3$ の分散を最小にする a の値を求めてください.

5. A_1, A_2, A_3 を確率 $0.2, 0.3, 0.5$ でとる試行を繰り返す多項分布を考えるものとします.

ⅰ) この試行を 2 回繰り返した場合の同時確率分布を求めてください.

ⅱ) この試行を 3 回繰り返した場合の同時確率分布を求めてください.

6. X, Y は独立で同一の分布に従い,その確率密度関数が

$$f(x)=\begin{cases}2x, & 0\leq x\leq 1 \text{ の場合}\\ 0, & \text{それ以外}\end{cases}$$

で与えられるとします．$Z=X+Y$ の確率密度関数を求めてください．

7. 二項分布，正規分布の再生性を確率関数，確率密度関数を直接計算することによって，証明してください．

8. X_1, X_2 の同時確率密度関数を
$$f(x_1, x_2)=\begin{cases}4x_1 x_2, & 0\leq x_1\leq 1,\ 0\leq x_2\leq 1 \text{ の場合}\\ 0, & \text{それ以外}\end{cases}$$

とします．$Y_1=X_1^2$, $Y_2=2X_2+2$ とした場合の Y_1, Y_2 の同時密度関数を求めてください．

5. 乱数によるシミュレーション

　各種の統計分析では，目的とする確率分布に従う乱数を発生させることが重要になっています．ここでは，いくつかの基本的な分布に従う乱数を発生させるマクロを作成します．コンピュータで発生させることができるのは，0から1までの各値を等しい確率でとる，(0,1)の一様分布に従う一様乱数です．コンピュータでは一定の公式に従って乱数を発生させますので，完全にランダムではありません．そのため，疑似乱数と呼ばれることもあります．（もっとも，本書の範囲では，その差は無視できほぼ完全な乱数と見なすことが可能です．）他の分布に従う乱数はこの一様乱数を使って発生させます．乱数を使ったシミュレーションは，現在では，いろいろな問題解決のための重要な手法となっています．また，多くの乱数を発生させ，その相対度数をグラフにすると，その形は，確率関数・確率密度関数のものに似てきます．このことは，確率関数・確率密度関数が何を意味しているかの理解にも役立ちます．
　ここでは，第2章で説明した分布に従う乱数を発生させてみます．

5.1 「分析ツール」による乱数の発生

　Excelの「分析ツール」では，一様乱数，正規乱数，二項乱数，ポアソン乱数などを発生させることができます．（正規乱数，二項乱数，ポアソン乱数は，それぞれ，正規分布，二項分布，ポアソン分布に従う乱数です．）ここでは，まず，これらの乱数を「分析ツール」を使って発生させてみます．メニューバーの

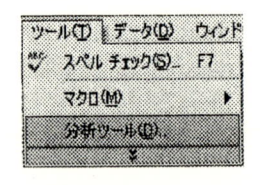

図5.1　メニューバーの[ツール(T)]をクリックして，そのメニューに[分析ツール(D)]があることを確認する．

5.1 「分析ツール」による乱数の発生

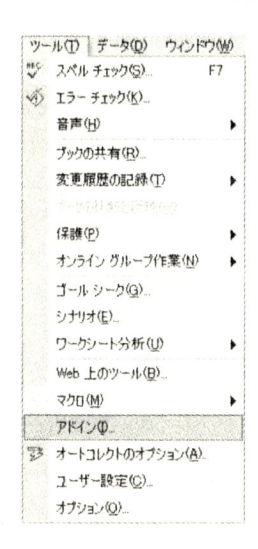

図 5.2 [分析ツール (D)] がない場合は，[ツール (T)] → [アドイン (I)] をクリックする．

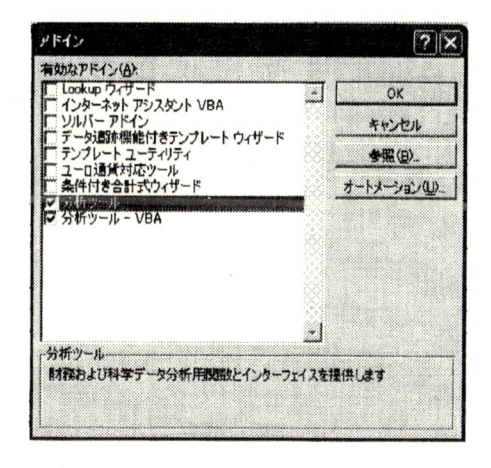

図 5.3 「アドイン」のボックスが現れる．[分析ツール] をクリックして，ボックスがチェックされている状態として，[OK] をクリックする．

図 5.4 [ツール (T)] → [分析ツール (D)] をクリックすると，「分析ツール」ボックスが現れる．[乱数発生] を選択し，[OK] をクリックする．

[ツール (T)] をクリックし，そのメニューに [分析ツール (D)] があることを確認してください (図 5.1)．[分析ツール (D)] がない場合は，次の手順によって組み込んでください．

[分析ツール (D)] を組み込むには，[ツール (T)] → [アドイン (I)] をクリックします．「アドイン」のボックスが現れます．[分析ツール] をクリックして，ボックスがチェックされている状態として，[OK] をクリックしてください (図 5.2〜5.4)．(Microsoft Office の CD-ROM を要求された場合は，コンピュータ

の指示に従って挿入してください.)［ツール(T)］のメニューに［分析ツール(D)］が現れます.

［ツール(T)］→［分析ツール(D)］をクリックすると,「分析ツール」ボックスが現れます.［乱数発生］を選択し,［OK］をクリックしてください.「乱数発生」のボックスが現れますので,次の手順に従って,乱数を発生させてみます.

5.1.1 一 様 乱 数

$(0,1)$ の一様乱数を 2000 個発生させてみます. A1 に**一様乱数**と入力します. ［ツール(T)］→［分析ツール(D)］→［乱数発生］を選択します.「乱数発生」のボックスが現れますので,「変数の数(V)」を **1** とします (図 5.5).(「変数の数(V)」で指定した数の列に乱数が出力されます. 1 の場合は 1 列に, 2 の場合は 2 列に乱数が出力されます.) 次に,「乱数の数(B)」を **2000** とします.［分布(D)］をクリックして, その中から,［均一］を選択します. $(0,1)$ の一様乱数ですので,「パラメータ」の「0」と「1」は変更する必要はありません.((a,b) の範囲の一様乱数を発生させる場合は, a と b の値に変更します.)「ランダムシード」は乱数の初期値を指定する場合にその値を正の整数で入力します. 今回は, 特に指定する必要はありませんので, そのまま何も入力しないこととします. 結果の出力先を指定しますので,［出力先(O)］をクリックして, **A2** を指定します.［OK］をクリックすると, A2 から $(0,1)$ の一様乱数が 2000 個出力されます.

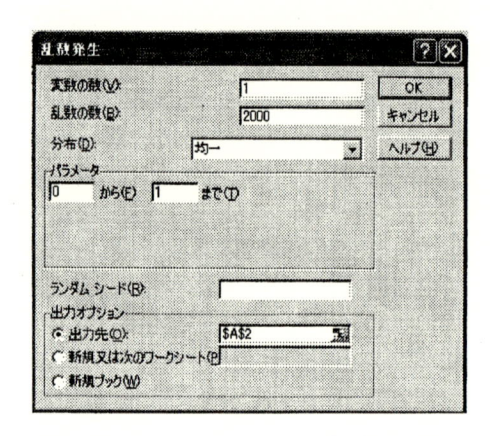

図 5.5 「乱数発生」のボックスが現れるので,「変数の数(V)」を **1**,「乱数の数(B)」を **2000** とする.［分布(D)］をクリックして, その中から,「均一」を選択する.［出力先(O)］をクリックして, A2 を指定する.

これを 0〜0.2, 0.2〜0.4, 0.4〜0.6, 0.6〜0.8, 0.8〜1.0 の 5 つの階級に分け，各階級の度数を計算してみます．Excel では，階級の上限値を使って度数を計算します．階級の上限値はその階級に含まれ，「下限より大きく上限以下」の度数が求められます．また，最初の階級は，与えた上限値以下の度数が計算され，最後の階級の上限値よりも大きな観測値は「次の級」としてその度数が表示されます．C1 に**階級の上限値**と入力し，C2 から下側に順に階級の上限値 **0.2, 0.4, 0.6, 0.8, 1.0** と入力します．

度数を計算します．メニューバーから [ツール (T)] → [分析ツール (D)] をクリックし，分析ツールのボックスから [ヒストグラム] を選択して，[OK] をクリックします (図 5.6)．ヒストグラムのボックスが現れますので，[入力範囲 (I)] を **A2 : A2001** とします．次に，[データ区間 (B)] に先ほど入力した階級の上限値の範囲の **C2 : C6** を指定します．出力オプションの [出力先 (O)] をクリックし，出力先として **C10** を指定します．[OK] をクリックすると，データ区間と頻度が C10 を先頭とする範囲に書き出されます (図 5.7)．「データ区間」は「階級の上限値」に，「頻度」は「度数」に対応しています．さらに各階級の，階級値 (＝(階級の下限値＋上限値)/2) および相対度数 (階級の度数を総数 2000 で割ったもの) を求めて，これをグラフにしてください．各階級の相対度数は 20% 前後ではに

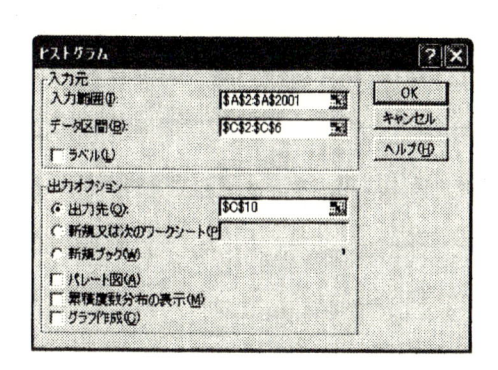

図 5.6 メニューバーから [ツール (T)] → [分析ツール (D)] をクリックし，分析ツールのボックスから「ヒストグラム」を選択して，[OK] をクリックする．ヒストグラムのボックスが現れるので，[入力範囲 (I)] を **A2 : A2001**，[データ区間 (B)] を **C2 : C6**，出力オプションの [出力先 (O)] を **C10** とする．

	C	D	E	F
10	データ区間	頻度	階級値	相対度数
11	0.2	429	0.1	21.5%
12	0.4	389	0.3	19.5%
13	0.6	384	0.5	19.2%
14	0.8	377	0.7	18.9%
15	1	421	0.9	21.1%
16	次の級	0		

図 5.7 各階級の階級値および相対度数を求める．

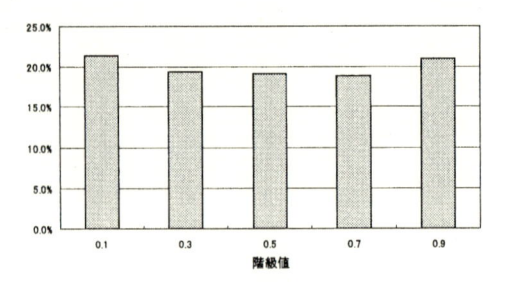

図 5.8 一様乱数の相対度数のグラフ

ぼ等しくなっていることが確認できます（図 5.8）.

さらに，適当なセルに =AVERAGE(A2 : A2001), =VAR(A2 : A2001) と
それぞれ入力して，2000個の乱数の平均，分散を求めてください．$(0,1)$ の一様
分布の期待値 $\mu=0.5$，分散 $\sigma^2=1/12=0.0833\cdots$ に近い値が得られます（図 5.9）.

5.1.2 正規乱数

$N(0,1)$ に従う正規乱数を 2000 個発生させてみます．L1 に **正規乱数** と入力します．［ツール(T)］→［分析ツール(D)］→［乱数発生］を選択し，「変数の数(V)」を **1**，「乱数の数(B)」を **2000** とします（図 5.10）.［分布(D)］をクリックして，

	C	D	E	F
48	2000個の乱数		分布	
49	平均	0.49645	期待値	0.5
50	分散	0.08634	分散	0.08333
51				
52				

図 5.9 適当なセルに =AVERAGE(A2:A2001), =VAR(A2:A2001) と入力して，2000 個の乱数の平均，分散を求める．$(0,1)$ の一様分布の期待値 $\mu=0.5$，分散 $\sigma^2=1/12=0.0833\cdots$ に近い値が得られる．

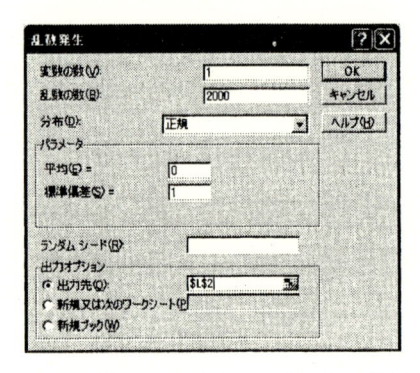

図 5.10 「変数の数(V)」を **1**，「乱数の数(B)」を **2000** とする．［分布(D)］をクリックして，その中から，「正規」を選択する．$N(0,1)$ の乱数なので，「パラメータ」の「0」と「1」は変更する必要はない．［出力先(O)］として，**L2** を指定する．

その中から,「正規」を選択します. $N(0,1)$ の乱数ですので,「パラメータ」の「0」と「1」は変更する必要はありません.[出力先 (O)] として,**L2** を指定します.[OK] をクリックすると,L2 から $N(0,1)$ の正規乱数が 2000 個出力されます.

これを -2.25 以下,$-2.25 \sim -1.75$,$-1.75 \sim -1.25$,$-1.25 \sim -0.75$,$-0.75 \sim -0.25$,$-0.25 \sim 0.25$,$0.25 \sim 0.75$,$0.75 \sim 1.25$,$1.25 \sim 1.75$,$1.75 \sim 2.25$,2.25 超の階級に分け,各階級の度数を計算してみます.N1 に**階級上限**と入力し,N2 から下側に順に階級の上限値(-2.25 から 2.25 まで)を入力します.さらに,階級値(-2.25 以下および 2.25 超の階級の幅は他の階級の幅と等しく 0.5 であるとします),相対度数を計算してこれをグラフにしてください.グラフの形は,標準正規分布のものに似ていることがわかります(図 5.11).適当なセルに 2000 個の乱数の平均,分散を求めて,この分布の期待値 $\mu=0$,分散 $\sigma^2=1$ に近い値が得られることを確認してください(図 5.12).

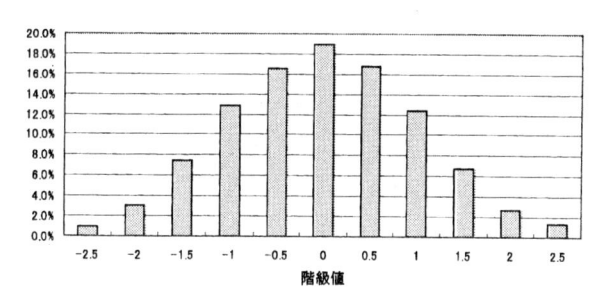

図 5.11 正規乱数の相対度数のグラフ

	N	O	P	Q
53	2000個の乱数		分布	
54	平均	-0.0105	期待値	0
55	分散	1.0329	分散	1

図 5.12 適当なセルに 2000 個の乱数の平均,分散を求める.この分布の期待値 $\mu=0$,分散 $\sigma^2=1$ に近い値が得られる.

5.1.3 二 項 乱 数

$n=5$,$p=5$ の二項分布 $Bi(5, 0.5)$ に従う二項乱数を 2000 個発生させてみます.現在のワークシートにはこれまでの結果が残って見づらくなっていますので,「Sheet2」に切り替えてワークシートを新しくしてください.A1 に**二項乱数**と入

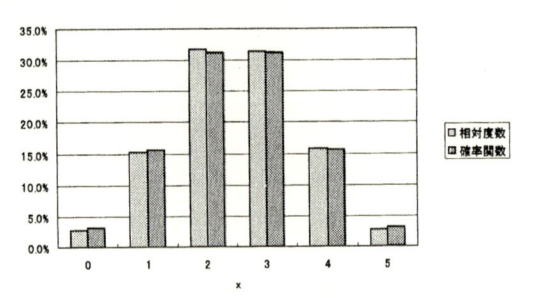

図5.13 二項分布の相対度数と確率関数の値

力します．[ツール(T)] → [分析ツール(D)] → [乱数発生] を選択し，「変数の数(V)」を 1，「乱数の数(B)」を **2000** とします．[分布(D)] をクリックして，その中から「二項」を選択します．「パラメータ」の「p 値(P)=」の値を **0.5**，「試行回数(N)=」の値を **5** とします．[出力先(0)] として，**A2** を指定します．[OK] をクリックすると，$Bi(5, 0.5)$ の二項乱数が 2000 個出力されます．

とりうる値ごとの度数を計算してみます．C1 に**とりうる値**と入力し，C2 から下側に順にとりうる値 (0 から 5 まで) を入力します．(Excel の「ヒストグラム」では指定した上限値はその階級に含まれますので，0 から 5 を入力します．) C10 からの範囲に各値の度数を求め，さらに，E 列に相対度数を計算してください．また，F11 に =**BINOMDIST(C11, 5, 0.5, FALSE)** と入力し，これを F16 まで複写し，確率関数の値を求めてこれらをグラフにしてください．相対度数と確率関数の値は，ほぼ等しくなっていることが確認できます (図 5.13)．適当なセルに 2000 個の乱数の平均，分散を求めて，この分布の期待値 $\mu = np = 2.5$，分散 $\sigma^2 = np(1-p) = 1.25$ に近い値が得られることを確認してください．

5.1.4 ポアソン乱数

$\lambda = 3.0$ のポアソン分布 $Po(3.0)$ に従うポアソン乱数を 2000 個発生させてみます．L1 に**ポアソン乱数**と入力します．[ツール(T)] → [分析ツール(D)] → [乱数発生] を選択し，「変数の数(V)」を 1，「乱数の数(B)」を **2000** とします．[分布(D)] をクリックして，その中から，「ポアソン」を選択します．「パラメータ」の「$\lambda(L)=$」の値を **3.0** とします．[出力先(0)] として，**L2** を指定します．[OK] をクリックすると，ポアソン乱数が 2000 個出力されます．

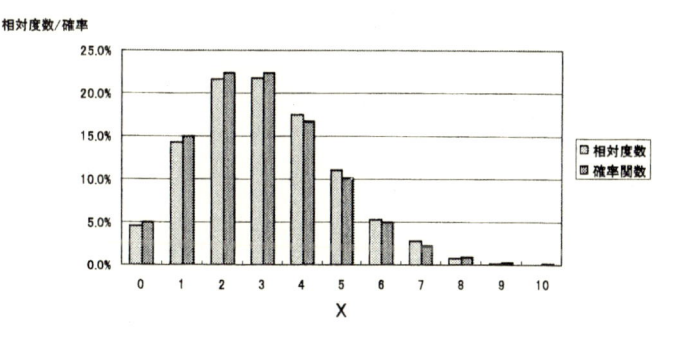

図5.14 ポアソン分布の相対度数と確率関数の値

とりうる値ごとの度数を計算してみます．N1に**とりうる値**と入力し，N2から下側に順にとりうる値(0から10までとします)を入力します．N15からの範囲に各値の度数を求め，さらに，相対度数を計算してください．また，ポアソン分布の確率関数は，POISSON(x, λ, FALSE) で求められますので，これを使って確率関数の値を求めて，これらをグラフにしてください．相対度数と確率関数の値は，ほぼ等しくなっていることが確認できます(図5.14)．適当なセルに2000個の乱数の平均，分散を求めて，この分布の期待値 $\mu=\lambda=3.0$，分散 $\sigma^2=3.0$ に近い値が得られることを確認してください．

5.2 逆変換法による乱数の発生

「分析ツール」の「乱数発生」に含まれない分布でも，連続型の分布で累積分布関数の逆関数が計算可能な場合は，逆変換法と呼ばれる方法によって簡単に発生させることができます．分布関数 $y=F(x)$ では y は x の関数ですが，逆に x を y の関数として書き換えてみましょう．これが可能なのは連続型の分布だけですが，この関数を逆関数と呼び $x=F^{-1}(y)$ と表します．いま，u を $(0,1)$ の一様乱数とすると，$x=F^{-1}(u)$ は分布関数が $F(x)$ である分布に従う乱数となります．

なぜなら，この場合は任意の定数 c に対して $F^{-1}(u)\leq c \Leftrightarrow u\leq F(c)$ ですので，

(5.1) $\qquad P(x\leq c)=P(F^{-1}(u)\leq c)=P(u\leq F(c))=F(c)$

となり，x は目的とする分布に従う乱数であることになります．(u は $(0,1)$ の一様分布に従いますので，$0<a<1$ の任意の定数に対して $P(u\leq a)=a$ です．)

Excel で $(0,1)$ の一様乱数を発生させる乱数は =RAND() なので，これを使

い逆変換法によって，ガンマ分布，ベータ分布，ワイブル分布，コーシー分布に従う乱数を発生させてみます．

5.2.1 ガンマ乱数

$\alpha=2.7$, $\beta=2.8$ のガンマ分布 $Ga(2.7, 2.8)$ に従う乱数を求めてみます．ワークシートを新しいシート(「Sheet3」)に換えてください．ガンマ関数の逆関数を求める関数は，GAMMAINV です．A1に**ガンマ乱数**，A2に =**GAMMAINV(RAND(), 2.7, 2.8)** と入力して，A2をA2001まで複写してください．Excel では，何か操作を行うたびにワークーシート上の関数が自動的に再計算されます．このため，このままでは，何か計算を行うたびに値が変わってしまいます．(計算速度の速い最新のパソコンではあまり問題となりませんが，再計算を行うため操作ごとの時間も長くなります．) 関数を数値に直して，値を確定します．A2からA2001までをドラッグして指定し，ツールバーの[コピー]ボタンをクリックします．次に，メニューバーの[編集(E)]→[形式を選択して貼り付け(S)]をクリックします．「形式を選択して貼り付け」のボックスが現れますので，[値(V)]を選択して，[OK]をクリックします．関数が数値に置き換わります．

これまでと同様，適当な階級に分け(各階級の幅は等しいとします)，各階級の度数を計算し，これをグラフにしてください．グラフの形は，第2章で作成したガンマ分布の確率密度関数のものに似ていることを確認してください(図5.15)．適当なセルに2000個の乱数の平均，分散を求めて，この分布の期待値 μ

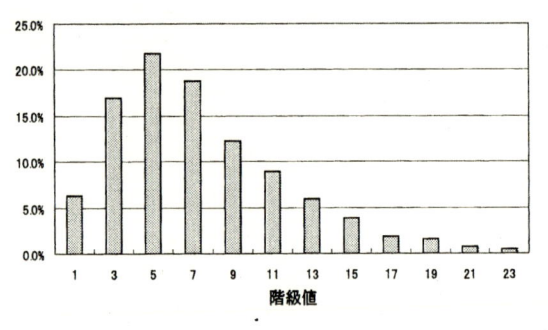

図5.15 ガンマ分布の相対度数

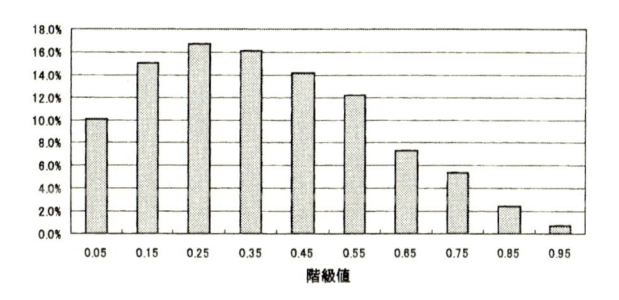

図5.16 ベータ分布の相対度数

$=\alpha\beta=7.56$, 分散 $\sigma^2=\alpha\beta^2=21.168$ に近い値が得られることを確認してください.

5.2.2 ベータ乱数

$\alpha=1.5$, $\beta=2.5$ のベータ分布 $Be(1.5, 2.5)$ に従う乱数を求めてみます. ガンマ関数の逆関数を求める関数は BETAINV です. L1 に**ベータ乱数**, L2 に＝**BETAINV(RAND(), 1.5, 2.5)** と入力して, L2 を L2001 まで複写し, さらに値複写の機能を使って, 関数を数値に直し, 値を確定してください.

これまでと同様適当な階級に分け (各階級の幅は等しいとします), 各階級の度数を計算し, これをグラフにしてください. グラフの形は, 第2章で作成したベータ分布の確率密度関数のものに似ていることを確認してください (図5.16). 適当なセル 2000 個の乱数の平均, 分散を求めて, この分布の期待値 $\mu=\alpha/(\alpha+\beta)=0.375$, 分散 $\sigma^2=\alpha\beta/(\alpha+\beta)^2(\alpha+\beta+1)=0.046875$ に近い値が得られることを確認してください.

5.2.3 ワイブル乱数

$\alpha=1.5$, $\beta=3.0$ のワイブル分布 $We(3.0, 1.5)$ に従う乱数を求めてみます. ワイブル分布の逆関数は,

(5.2) $$F^{-1}(y)=\beta\{-\log(1-y)\}^{1/\alpha}$$

で求めることができます. したがって, u を $(0,1)$ の一様乱数とすると, $1-u$ も $(0,1)$ の一様乱数ですので ($1-u$ をわざわざ計算する必要はなく), ワイブル乱数は,

(5.3) $$x=\beta\{-\log(u)\}^{1/\alpha}$$

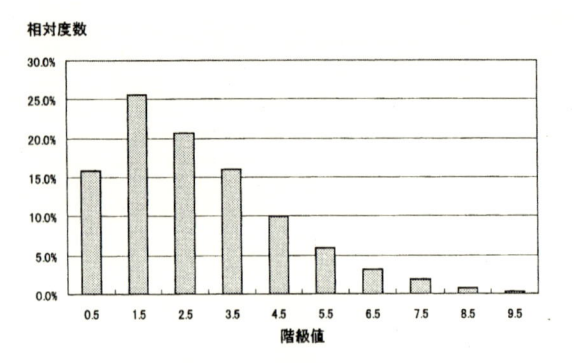

図5.17 ワイブル分布の相対度数

で求めることができます.

ワークシートを新しくして「Sheet4」としてください.A1に**ワイブル乱数**と入力してください.Excelで自然対数を計算する関数はLNですので(LOGとすると,10を底とする常用対数となってしまいます),A2に**=3.0*(−LN(RAND())^(1/1.5))**と入力して,A2をA2001まで複写し,さらに値複写の機能を使って,関数を数値に直し,値を確定してください.

これまでと同様適当な階級に分け(各階級の幅は等しいとします),各階級の度数を計算し,これをグラフにしてください.グラフの形は,第2章で作成したワイブル分布の確率密度関数のものに似ていることを確認してください(図5.17).適当なセルに2000個の乱数の平均,分散を求めて,この分布の期待値 $\mu=\beta\Gamma(1+1/\alpha)=2.70824$,分散 $\sigma^2=\beta^2[\Gamma(2+1/\alpha)+\{\Gamma(1+1/\alpha)\}^2]=3.25980$ に近い値が得られることを確認してください.

5.2.4 コーシー乱数

$\alpha=0.0$, $\beta=1.0$ の場合のコーシー分布 $Ca(0.0, 1.0)$ に従う乱数を求めてみます.コーシー分布の逆関数は,

$$(5.4) \qquad F^{-1}(y)=\alpha+\beta\tan\left\{\pi\left(y-\frac{1}{2}\right)\right\}$$

です.したがって,u を $(0,1)$ の一様乱数とすると,コーシー乱数は,

$$(5.5) \qquad x=\alpha+\beta\tan\left\{\pi\left(u-\frac{1}{2}\right)\right\}$$

で求めることができます.L1に**コーシー乱数**と入力してください.L2に=

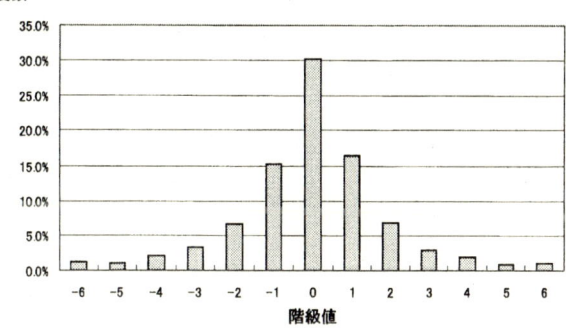

図5.18 コーシー乱数の相対度数

	N	O
68	2000個の乱数	
69	平均	36.5410
70	分散	271467338

図5.19 適当なセルに＝AVERAGE(L2：L2001)，＝VAR(L2：L2001)
と入力して，2000個の乱数の平均，分散を求める．「F9」キーを
押し続けると，分散は常に数千以上といった大きな値となり，値
自体も毎回大きく変わる．平均の方も（絶対値が）数十や数百と
いった大きな値を生じ，決して0に近くないことが確認できる．

TAN(PI()*(RAND()−0.5))と入力して，L2をL2001まで複写してください．この場合は，後の演習のため，値複写せずに式のままにしておいてください．これまでと同様適当な階級に分け（各階級の幅は等しいとします），各階級の度数を計算し，これをグラフにしてください．グラフの形は，第2章で作成したコーシー分布の確率密度関数のものに似ていることを確認してください．（コーシー分布は，分布の裾が厚いため，絶対値が大きくなっても発生する乱数の数は，なかなか0に近づきません．このため，図5.18では−6.5から6.5までの区間を考えています．）

第2章では，コーシー分布には期待値・分散が存在しないことを説明しましたが，これを確認してみます．適当なセルに＝AVERAGE(L2：L2001)，＝VAR(L2：L2001)と入力して，2000個の乱数の平均，分散を求めてください（図5.19）．キーボードの「F9」キーを押すと，ワークシート上の関数が自動的に再計算されます．ここでは式のまま使っていますので，「F9」キーを押すごとに

すべての乱数が再計算され値が変わり，平均，分散の値も変化します．「F9」キーを押し続けてください．分散は常に数千以上といった大きな値となり，値自体も毎回大きく変わります．平均の方も(絶対値が)数十や数百といった大きな値を生じ，決して0に近くはないことが確認できます．

なお，正規分布の場合も累積分布関数の逆関数を求める NORMSINV, NORMINV を使うと正規乱数を発生させることができますので，演習として行ってみてください．

5.3 乱数発生の VBA マクロ

「分析ツール」や Excel のワークシート上で乱数を発生させるのでは，数百万以上などという数多く乱数を使う場合や，複雑な問題のシミュレーションを行うのには適していません．現在では，数億個程度の乱数を発生させてシミュレーションを行うのはごく普通です．ここでは，VBA (VBA は visual basic for application の略) を使っていろいろな乱数を発生させるプロシージャ(マクロ)について説明します．VBA は Windows で使われている Visual Basic を Excel などのアプリケーション・プログラムで使えるようにしたものです．これによって，Excel などで複雑な計算や処理の自動化を行うことが可能となります．Visual Basic は古くからパソコンで使われてきた Basic をもとにした言語ですが，はるかに柔軟で複雑な処理を行うことが可能です．プロシージャ(マクロ)はコンピュータに行わせる命令の集まりで，VBA のコードで記録されます．一連のコードの集まりを VBA では「プロシージャ」，Excel では「マクロ」と呼びます．(本書のレベルでは，両者は同一のもので，Excel 側では「マクロ」，VBA 側では「プロシージャ」と呼ばれると理解しておいてください．VBA についての詳細は拙著，『Excel VBA による統計分析入門』などを参照してください．)

なお，ここでのプログラムのコード(テキストファイル形式)は朝倉書店ホームページ (http://www.asakura.co.jp) からダウンロード可能ですので，利用してください．また，Office XP の Excel 2002 では，「セキュリティ・レベル」が「高 (H)」になっていると，適正なデジタル署名のないマクロは実行できません．[ツール (T)] → [マクロ (M)] → [セキュリティ (S)] をクリックすると，「セキュリティ」のボックスが現れますので，セキュリティ・レベルを [中 (M)] として実行してください．

5.3.1 二項乱数を発生させるプロシージャ

$(0,1)$ の一様乱数 u を使って二項分布に従う乱数を発生させてみます。$u<p$ の場合 1、$u>p$ の場合 0 とすると、これは確率 p で 1、確率 $1-p$ で 0 となりますから、これを n 回繰り返してその合計を求めれば $Bi(n,p)$ の二項乱数となります。Excel のブックを新しくしてください。[ツール(T)] → [マクロ(M)] →

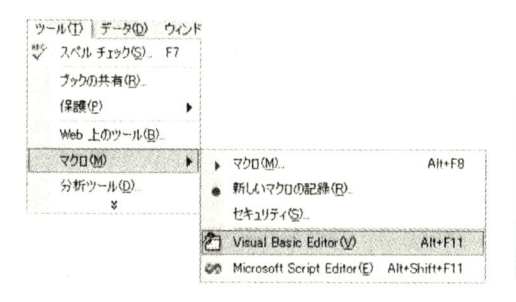

図 5.20　[ツール(T)] → [マクロ(M)] → [Visual Basic Editor(V)] をクリックして、Visual Basic Editor を起動する。

図 5.21　[挿入(I)] → [標準モジュール(M)] をクリックして、Module 1 を挿入する。

```
Sub GenBiRnd()
Dim NumRnd As Integer, n As Integer, p As Single
Dim i As Integer, k As Integer
NumRnd = 2000
n = 5
p = 0.5
For i = 1 To NumRnd
    k = BiRnd(n, p)
    ActiveCell = k
    ActiveCell.Offset(1, 0).Range("A1").Select
Next i
End Sub

Function BiRnd(n As Integer, p As Single) As Integer
Dim i As Integer, k As Integer
k = 0
For i = 1 To n
    k = k + Bern(p)
Next i
BiRnd = k
End Function

Function Bern(p As Single) As Integer
Dim a As Single
a = Rnd
If a < p Then
    Bern = 1
Else
    Bern = 0
End If
End Function
```

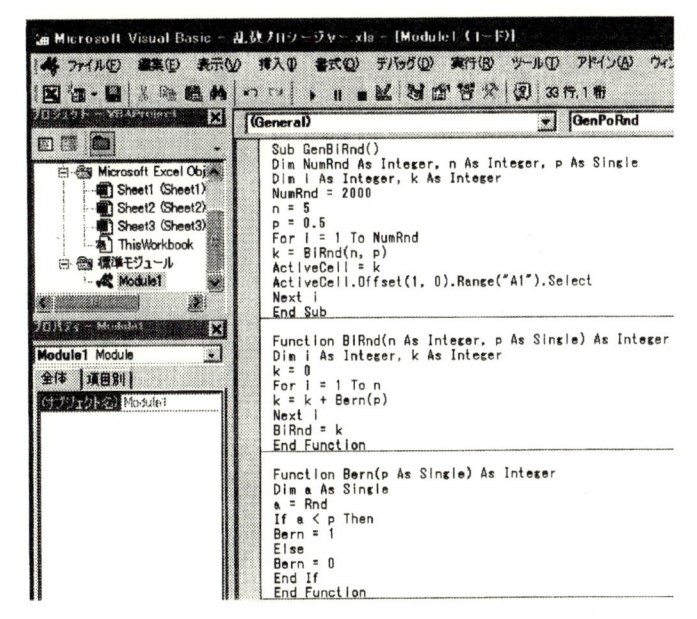

図 5.22　Module 1 にプロシージャのコードを入力する。

[Visual Basic Editor(V)]をクリックして,Visual Basic Editor を起動してください(図5.20).次のプログラムは,$n=5$,$p=0.5$ の二項乱数を 2000 個発生させるプロシージャです.[挿入(I)]→[標準モジュール(M)]をクリックして,Module1 を挿入し,プロシージャのコードを入力してください(図5.21,5.22).

入力が完了しましたら,[ファイル(F)]→[終了して Excel へ戻る(C)]をクリックするか,画面下部の Excel のブック名をクリックすることによって,Excel に戻ってください(図5.23).ツールバーから[ツール(T)]→[マクロ(M)]→[マクロ(M)]をクリックして,現れるマクロ名から[GenBiRnd]を選択し,[実行(R)]をクリックしてください(図5.24,5.25).現在のアクティブセルを先頭に 2000 個の二項乱数が出力されます.NumRnd=2000,$n=5$,$p=0.5$ の値を変えることによって,いろいろな二項乱数を発生させることができますの

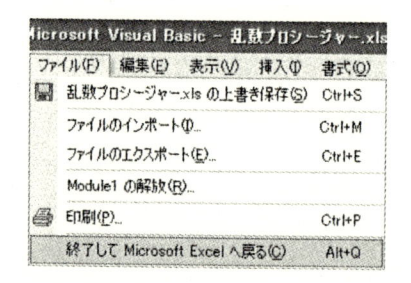

図 5.23 [ファイル(F)]→[終了して Excel へ戻る(C)]をクリックするか,画面下部の Excel のブック名をクリックすることによって,Excel に戻る.

図 5.24 ツールバーから[ツール(T)]→[マクロ(M)]→[マクロ(M)]をクリックする.

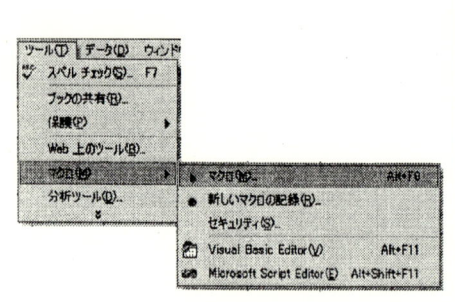

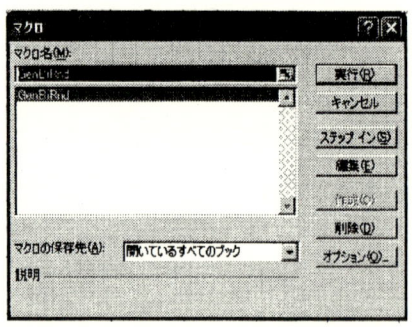

図 5.25 現れるマクロ名から[GenBiRnd]を選択し,[実行(R)]をクリックする.

で，試してください．

なお，一度でコードを誤りなく入力し，プログラムを完成させることができるのはまれです．入力ミスがあると，プロシージャが正しく作動せず以後の操作を行うことができなくなることがあります．そのような場合は，VBAで，[実行(R)] → [リセット(R)] をクリックしてください．

a. プロシージャのコード

```
Sub GenBiRnd()
Dim NumRnd As Integer, n As Integer, p As Single
Dim i As Integer, k As Integer
NumRnd=2000
n=5
p=0.5
  For i=1 To NumRnd
  k=BiRnd(n, p)
  ActiveCell=k
  ActiveCell.Offset(1, 0).Range ("A1").Select
  Next i
End Sub

Function BiRnd(n As Integer, p As Single) As Integer
Dim i As Integer, k As Integer
k=0
  For i=1 To n
  k=k+Bern(p)
  Next i
BiRnd=k
End Function

Function Bern(p As Single) As Integer
Dim a As Single
a=Rnd
  If a<p Then
  Bern=1
  Else
  Bern=0
  End If
End Function
```

b. コードの説明

各コードの意味は次のとおりです．

5. 乱数によるシミュレーション

```
Sub GenBiRnd()
Dim NumRnd As Integer, n As Integer, p As Single
Dim i As Integer, k As Integer
```
―― プロシージャ名，変数のタイプを宣言します．Integer は整数タイプ，Single は単精度浮動小数点タイプの変数であることを意味します．

```
NumRnd=2000
n=5
p=0.5
```
―― 発生させる乱数の数，n の値，p の値を指定します．

```
For i=1 To NumRnd
k=BiRnd(n, p)
ActiveCell=k
ActiveCell.Offset(1, 0).Range("A1").Select
Next i
End Sub
```
―― BinRnd は二項乱数を1つ発生させるユーザー定義関数です．ループ命令によってアクティブセルに発生させた乱数を出力し，1つアクティブセルを下げることを2000回繰り返します．End Sub はこのプロシージャの終了を示しています．

```
Function BiRnd(n As Integer, p As Single) As Integer
Dim i As Integer, k As Integer
```
―― まず，ユーザー定義関数名およびその引数を宣言します．関数名の後の As Integer は，この関数が整数タイプであることを意味しています．さらに関数内で使われる変数名およびそのタイプを指定します．

```
k=0
For i=1 To n
k=k+Bern(p)
```

```
Next i
BiRnd=k
End Function
```
——k の初期値を 0 とし,ベルヌーイ試行を n 回行って,その合計を計算し,関数の値とします.Bern はベルヌーイ試行を行うユーザー定義関数で,その値は 0 または 1 となります.

```
Function Bern(p As Single) As Integer
Dim a As Single
```
——Bern はベルヌーイ試行を行う関数で,まず,関数名,変数のタイプを指定します.

```
a=Rnd
If a<p Then
Bern=1
Else
Bern=0
End If
End Function
```
——まず,関数を使い $(0,1)$ の一様乱数を発生させます.その値が p より小さい場合 1,大きい場合 0 とします.Rnd は VBA で $(0,1)$ の一様乱数を発生させる関数です.

5.3.2 正規乱数および連続型の分布に従う乱数

正規乱数を逆変換法を使って発生させてみます.正規分布の累積分布関数は複雑な関数ですので,解析的に逆関数を求めることはできません.しかしながら,Excel のワークシート関数には,正規分布の逆関数を計算する関数が用意されていますので,それを使って標準正規分布に従う乱数を発生させてみます.(VBA には正規分布の逆関数を計算する関数はありませんので,Excel ワークシート関数を使います.) Visual Basic Editor に切り替えて,次のコードを入力してください.

a. プロシージャのコード

```
Sub GenNormRND()
Dim NumRnd As Integer, i As Integer, a As Single
NumRnd=2000
  For i=1 To NumRnd
  a=NormRnd
  ActiveCell=a
  ActiveCell.Offset(1, 0).Range("A1").Select
  Next i
End Sub

Function NormRnd() As Single
Dim u As Single
u=Rnd
  If u>0.99999 Then u=0.99999
  If u<0.00001 Then u=0.00001
NormRnd=Application.NormSInv(u)
End Function
```

b. コードの説明

　NormRndは標準正規分布に従う乱数を1つ発生させるユーザー定義関数で，GenNormRndはそれを2000回繰り返し，それをワークシートに出力するプロシージャです．NORMSINVは標準正規分布の累積分布関数の逆関数を求めるExcelのワークシート関数です．NormRndではこれを使って逆変換法によって標準正規分布に従う乱数を発生させています．VBAでExcelのワークシート関数を使うので，Application.NormSInv(u)と関数名の前に「Application.」をつけることに注意してください．逆関数を求めるNORMSINVは完全ではありません．確率が非常に小さく0に近い場合や，非常に大きく1に近い場合は誤差が生じますので，一様乱数の値が0.00001より小さい場合は0.00001，0.99999より大きい場合0.99999としています．(このような値が生じる確率は非常に小さくそれぞれ10万分の1ですので，数千個程度の乱数ではこのような値が出ることはほとんどありませんが…．)

　Excelのワークシートに戻り，このマクロを実行して，適当な範囲に標準正規分布に従う乱数を2000個発生させてください．また，

　　NormRnd=Application.NormSInv(u)

の右辺を次のように変更することによって，いろいろな連続型の分布に従う乱数

を発生させることが可能ですから試してみてください．(a, β, λ には適当なパラメータ値を入力してください．また，変数・プロシージャ名は，各乱数にふさわしいものに変えてください．）なお，Excel のワークシート関数と異なり，VBA において自然対数を計算する関数は Log ですので，注意してください．）

ガンマ乱数： Application.GammaINV(u, α, β)
ベータ乱数： Application.BetaINV(u, α, β)
ワイブル乱数： $\beta*(-\text{Log}(u))\verb|^|(1/\alpha)$
コーシー乱数： $a+\beta*\text{Tan}$ (Application.Pi()*($u-0.5$))
指数乱数： $-\lambda*\text{Log}(u)$

5.3.3 ポアソン乱数

ポアソン乱数を発生させるには，小数の法則を使うことが考えられますが，この方法は計算時間がかかり効率的な方法とはいえません．ある事柄（たとえば放射性原子の崩壊）が発生してから次の事柄が発生するまでの発生時間の分布が $a=1$ の指数分布に従うとすると，一定時間 t の間に起こる事柄の合計数は，$\lambda=t$ のポアソン分布に従うことが知られています．ここでは，この原理に基づいて $\lambda=3$ のポアソン乱数を 2000 個発生させてみます．次のコードを入力してください．

a. プロシージャのコード

```
Sub GenPoRnd()
Dim NumRnd As Integer, L As Single, i As Integer, k As Integer
NumRnd=2000
L=3
  For i=1 To NumRnd
  k=PoRnd(L)
  ActiveCell=k
  ActiveCell.Offset(1, 0).Range("A1").Select
  Next i
End Sub

Function PoRnd(t As Single) As Integer
Dim k As Single, t1 As Single
k=0
t1=ExpRnd(1)
  Do While t1<t
  k=k+1
  t1=t1+ExpRnd(1)
  Loop
```

```
PoRnd=k
End Function

Function ExpRnd(a As Single) As Single
Dim u As Single
u=Rnd
ExpRnd=-(1/a)*Log(u)
End Function
```

b. コードの説明

プロシージャ GenPoRnd の各コードの意味はこれまでどおりです．ユーザー定義関数 PoRnd のコードの意味は次のとおりです．

```
Function PoRnd(t As Single) As Integer
Dim k As Single, t1 As Single
k=0
t1=ExpRnd(1)
```

――これまで通り，関数名，引数・変数のタイプを宣言し，発生回数 k の初期値を0とします．$a=1$ の指数乱数を1つ発生させ，最初の事柄が発生するまでの時間を求めます．ExpRnd は $\lambda=1$ の指数乱数を発生させる関数です．

```
Do While t1<t
k=k+1
t1=t1+ExpRnd(1)
Loop
PoRnd=k
End Function
```

――Do…Loop ステートメントは，While に与えられている条件が満足されている間，Loop までを繰り返し実行するループ命令です．したがって，最初の事柄が発生するまでの時間が与えられた制限時間である t より大きい場合，1回も実行されません．最初の事柄が発生するまでの時間が t より小さい場合，発生回数 k に1を加え，さらに指数乱数を発生させて $t1$ に加え，2回目の事象が起こるまでの時間を求めます．これを $k+1$ 回目の事柄が起こるまでの時間が制限時間 t を超えるまで繰り返します．制限時間 t は k 回事柄が起こるには十分で

あったが，$k+1$ 回起こるには足りなかったということですので，結局，事柄は k 回起こったことになり，この k をこの関数の値とします．

5.3.4 負の二項分布に従う乱数

負の二項分布は，r 回表がでる（r 回成功する）までコインを投げ続けた場合に裏のでる回数（失敗の回数）X の従う分布です．$r=5$, $p=0.5$ の負の二項分布に従う乱数は，次のプロシージャで発生させることができます．

a. プロシージャのコード

```
Sub GenNegBiRnd()
Dim NumRnd As Integer, r As Integer, p As Single
Dim i As Integer, k As Integer
NumRnd=2000
r=5
p=0.5
  For i=1 To NumRnd
  k=NegBiRnd(r, p)
  ActiveCell=k
  ActiveCell.Offset(1, 0).Range("A1").Select
  Next i
End Sub

Function NegBiRnd(r As Integer, p As Single) As Integer
Dim k As Integer, r1 As Integer, a As Integer
r1=0
k=0
  Do While r1<r
  a=Bern2(p)
   If a=1 Then
   r1=r1+1
   Else
   k=k+1
   End If
  Loop
NegBiRnd=k
End Function

Function Bern2(p As Single) As Integer
Dim a As Single
a=Rnd
  If a<p Then
```

```
        Bern2=1
      Else
        Bern2=0
      End If
End Function
```

b. コードの説明

ユーザー定義関数 NegBiRnd では, Do…Loop ステートメントによって, r 回成功するまでベルヌーイ試行を繰り返し, 失敗の回数を k に記録しています.

5.4 演習問題

1. 逆変換法を使って, ガンマ乱数, ベータ乱数, ワイブル乱数, コーシー乱数, 指数乱数を 2000 個発生させ, これをヒストグラムにしてください. (パラメータの値は, 第 2 章を参考にして適当なものを選んでください.) また, 平均・分散・中央値・モードなどを求め, これが, 第 2 章で説明した公式から計算した値と近い値となることを確認してください.

2. X を標準正規分布に従う変数とします. X の関数 $g(X)$ の期待値 $E[g(X)]$ は, g が複雑な関数である場合解析的に求めることはできません. この場合, 標準正規分布に従う乱数を多数発生させ, 各々乱数について関数の値を計算し, その平均から $E[g(X)]$ の値を計算することが行われています. いま, $g(X)=X^2 e^X$ である場合, $E[g(X)]$ の値を, 乱数を 500, 5000, 50000 個発生させて計算してください.

3. 10 個の確率変数 $X_1, X_2, \cdots, X_{10}$ は独立で, $\lambda=3.0$ のポアソン分布に従っているとします. 10 個の乱数のうち 3 番目に大きな値の分布を, 乱数を 2000 組発生させて求めてください.

4. 電話によるサービスを行う会社で, 電話のかかってくる間隔は, $\lambda=1.0$ の指数分布に従うとします. オペレータが 1 人の顧客を処理するのにかかる時間は, $\alpha=3.0, \beta=1.5$ のワイブル分布 $We(3.0, 1.5)$ に従うとします. すべての回線が使われている場合, 電話はつながらず, 顧客はサービスを受けられないとします. (電話がつながらない場合, 顧客が連続して電話をかけ続けるといったことは無視できるとします.) 回線数を 3, 4, 5, 6 とした場合, 電話がつながり顧客がサービスを受けられる確率を, 乱数を使ったシミュレーションによって求めてください.

6. 確率空間と確率変数，収束の定義

　これまでは，数学的に厳密な議論を行わずに確率・確率変数について説明してきました．しかしながら，収束や漸近理論などを考える場合，それらについての厳密な定義がどうしても必要となってきます．本章では，確率空間と確率変数の数学的な定義について述べ，ついで，収束の概念について説明します．(本書の性格上，説明は必要最小限にとどめましたので，興味のある方は専門書を参照してください．)

6.1 確率空間

　ここでは，まず，確率空間の定義について説明します．なお，本節の内容はやや高度ですので，確率論に詳しくない方は，飛ばして先へ進み，確率分布・確率変数を十分に理解した後に参照していただいて結構です．

6.1.1 σ-集合体と可測空間

　これまでと同様，(起こりうることから全体の集合である) 標本空間を Ω で表します．標本空間は，コイン投げやサイコロ投げなどのように有限個の要素 (これを標本点と呼びます) からなるケースだけでなく，実数の集合 $\mathcal{R}=(-\infty,\infty)$，$(0,1]$ の区間，第1章で説明したベン図のように面積が1の長方形など，無限 (数えられないほど点の密度が高い) の標本点を含む場合があります．(なお，標本空間は仮想的なものです．とりうる値とは適当な対応関係があればよく，とりうる値の集合である必要はありません．この対応関係を与えるのが確率変数です．) 事象は，Ω の部分集合であるとしましたが，任意の部分集合でよいわけではなく，数学的に矛盾なく体系を組み立てるための制限があります．

　まず，Ω の部分集合の集まりとして σ-集合体 (σ-field, σ-algebra) を次のように定義します．

● σ-集合体

Ω の部分集合の集まり $\mathcal{F}$ が次の性質を満たすとき，$\mathcal{F}$ を Ω 上の σ-集合体と呼びます．

i) $\Omega \in \mathcal{F}$
ii) $A \in \mathcal{F} \Rightarrow A^c \in \mathcal{F}$
iii) $A_i \in \mathcal{F}, \ i=1, 2, \cdots \Rightarrow \bigcup_{i=1}^{\infty} A_i \in \mathcal{F}$

事象は，$\mathcal{F}$ に含まれる要素であるとします．定義から，$A_i \in \mathcal{F}, \ i=1, 2, \cdots$ の場合，積事象 $\bigcap_{i=1}^{\infty} A_i$ も $\mathcal{F}$ に含まれることに注意してください．

最も簡単な σ-集合体は，Ω 自身と空事象 ϕ からなる $\mathcal{F}_1=\{\phi, \Omega\}$ です．任意の $A \subset \Omega$ に対して，$\mathcal{F}_2=\{\phi, A, A^c, \Omega\}$ も σ-集合体となります．(これらは，実用上の意味はあまりありませんが．) また，Ω のすべての部分集合の集まりを考えると，これは，定義を満たし σ-集合体となります．

コイン投げやサイコロ投げのように，有限または可算個の標本点からなる場合，Ω のすべての部分集合の集まりを σ-集合体とすればよく，これを使って分析を行います．たとえば，コイン投げで，$\Omega=\{0,1\}$ の場合，

$$\mathcal{F}=\{\phi, \{0\}, \{1\}, \Omega\}$$

で，$\mathcal{F}$ は4つの要素からなります．一方，サイコロ投げで $\Omega=\{1,2,3,4,5,6\}$ の場合，

$$\mathcal{F}=\{\phi, \{1\}, \{2\}, \cdots, \{6\}, \{1,2\}, \cdots, \{1,2,3,4,5\}, \Omega\}$$

で $2^6=64$ 個の要素からなります．一般に，Ω が N 個の標本点を含むとすると，(部分集合は各標本点を含むか含まないかですので) $\mathcal{F}$ は 2^N 個の集合からなります．

このほか，重要なものとして，$\Omega=\mathcal{R}$ ($\mathcal{R}$ は実数の集合で，$\mathcal{R}=(-\infty, \infty)$ です) と $\Omega=(0,1]$ の場合があります．この場合，標本点は無限個 (点の密度が高すぎ，可算でもない) であるため，すべての部分集合の集まりを考えると，フィールドが大きすぎて確率をうまく定義できません．この場合には，$\mathcal{F}$ として，

(6.1) $\quad \mathcal{B}=\Omega$ ($\mathcal{R}$ または $(0,1]$) に含まれるすべての半開区間 $(a, b]$
   を含む最小の σ-集合体

を選びます．この σ-集合体は，($(0,1]$ の場合は単位区間の) ボレル集合体 (Borel field, Borel set) と呼ばれています．ボレル集合体は，半開区間のほか，各点 $\{a\}$，開区間 (a, b)，閉区間 $[a, b]$ などを含みます．

Ω と $\mathcal{F}$ の組 $(\Omega, \mathcal{F})$ は，可測空間 (measurable space) と呼ばれます．

6.1.2 確率測度と確率空間

前項で述べた可測空間を $(\varOmega, \mathcal{F})$ とします．数学的には，確率とは $\mathcal{F}$ の各要素に 0 から 1 までの値を与えることと考えることができます．数学的に矛盾なく体系を組み立てるために，次の条件を満足するように確率測度 P を定義します．

● **確率測度**

次の条件を満たす実関数を確率測度 (probability measure) と呼びます．
 i) すべての $A \in \mathcal{F}$ に対して，$0 \leq P(A) \leq 1$
 ii) $P(\varOmega)=1$
 iii) 互いに排反である可算個の事象 $A_1, A_2, A_3, \cdots \in \mathcal{F}$ に対して，
$$P\left(\bigcup_{i=1}^{\infty} A_i\right) = \sum_{i=1}^{\infty} P(A_i)$$

$\varOmega$ が有限または可算個の標本点からなる場合，合計が 1 となるように各標本点に 0 から 1 までの適当な値を割りふることによって，確率測度 P を定義することができます．$\varOmega = \mathcal{R}$ では，F を適当な分布関数 (単調増加で，$F(-\infty)=0$, $F(\infty)=1$ となる右連続の関数) とし，$A=(a, b]$ の場合，$P(A)=F(b)-F(a)$ として確率測度を定義します．また，$\varOmega=(0,1]$ の場合は，確率測度 P として，対象とする事象に含まれる区間の長さの合計を考えます．($A=(a, b]$ の場合，$P(A)=b-a$ とします．このような測度はルベーグ測度 (Lebesgue measure) と呼ばれています．) このようにすれば，確率を矛盾なく定義することができます．

標本空間 $\varOmega$, $\varOmega$ 上の σ-集合体 $\mathcal{F}$, 確率測度 P の組 $(\varOmega, \mathcal{F}, P)$ を確率空間 (probability space) と呼びます．

6.2 確率変数と可測関数

ここでは，確率変数と可測関数の数学的な定義について説明します．

6.2.1 確 率 変 数

確率変数 X は，$\varOmega$ 上の実数値をとる関数ですが，次のように定義されます．

● **確率関数**

確率空間を $(\varOmega, \mathcal{F}, P)$ とします．$\varOmega$ 上で定義され，実数値をとる関数 ($\varOmega$ から実数の集合 $\mathcal{R}$ への関数) $X(\omega)$ が，任意の実数値 $x \in (-\infty, \infty)$ において，
 (6.2) $\qquad\qquad \{\omega | X(\omega) \leq x\} \in \mathcal{F}$
となる場合，これを確率変数と呼びます．

ここで,$\mathcal{B}_R$ を $\mathcal{R}$ 上のボレル集合体($\mathcal{R}=(-\infty,\infty)$ のすべての半開区間 $(a,b]$ を含む最小の σ-集合体)とします.$X(\omega)$ が確率変数となるための必要十分条件は,$B\in\mathcal{B}_R$ であるすべての B に対して,

(6.3) $\qquad\qquad\{\omega:X(\omega)\in B\}\in\mathcal{F}$

となることです.ここで重要なのは,確率変数とは $\mathcal{R}$ から Ω への逆写像 $X^{-1}(B)$ が任意の $B\in\mathcal{B}_R$ において可測(つまり,確率を定義できる)となる関数である,ということです.

6.2.2 可測関数

我々は,しばしば,確率変数の関数変換を行いますが,このとき,関数は可測でなければなりません.$\mathcal{R}$ から $\mathcal{R}$ への関数を考えると可測関数(measurable function)は次のように定義されます.(可測関数は一般の可測空間に拡張可能ですが,本書のレベルでは,$\mathcal{R}$ から $\mathcal{R}$ への関数のみで十分です.)

● $\mathcal{R}$ から $\mathcal{R}$ への可測関数

g を $\mathcal{R}$ から $\mathcal{R}$ の関数とします.このとき,任意の $B\in\mathcal{B}_R$ に関して

(6.4) $\qquad\qquad\{x:g(x)\in B\}\in\mathcal{B}_R$

すなわち,g の逆関数 g^{-1} が

(6.5) $\qquad\qquad g^{-1}(B)\in\mathcal{B}_R$

となる場合,g を $\mathcal{R}$ から $\mathcal{R}$ への可測関数と呼びます.

X が確率変数,g が $\mathcal{R}$ から $\mathcal{R}$ への可測関数である場合,$Y=g(X)$ とすると,Y の Ω への逆写像 $Y^{-1}(B)$ は任意の $B\in\mathcal{B}_R$ に対して可測となりますので,Y も確率変数となります.

6.2.3 $\Omega=(0,1]$ の確率空間

これまでは,標本空間 Ω を厳密に定義せず,(暗黙のうちにですが)確率変数のとりうる値の集合を考えてきました.しかしながら,標本空間は確率変数のとりうる値の集合と一致する必要はありません.対象によって標本空間や確率測度を変えるより,これを固定し,確率変数のとりうる値の集合とは別のものであってもよいことを明確にして説明したほうが,確率変数や確率空間の本質的な理解に役立つと考えられます.

ここで,標本空間として $\Omega=(0,1]$,σ-集合体 $\mathcal{F}$ として Ω 上のボレル集合体,確率測度 P としてルベーグ測度を考えてみます.この確率空間を使えば,すべての確率変数は,定義可能です.離散型の変数でとりうる値が有限個または可算

個の場合，たとえば，コイン投げでは，確率変数 $X(\omega)$ は，

(6.6) $$X(\omega)=\begin{cases}0, & \omega\in(0,1/2]\\1, & \omega\in(1/2,1]\end{cases}$$

とすればよく，また，サイコロ投げでは，

(6.7) $$X(\omega)=i, \quad \omega\in((i-1)/6, i/6], \quad i=1,2,\cdots,6$$

とすればよいことになります．また，連続型の変数で，その分布関数が $F(x)$ である場合，

(6.8) $$X(\omega)=F^{-1}(\omega)$$

とすればよいことになります．

以後，本章では，この確率空間を使って説明を行います．

6.3 収束の定義

いま，確率変数の列 $X_1, X_2, X_3, \cdots$ があるとします．(以後のこの確率変数の列を $\{X_n\}$ と表します．) この列がある確率変数 X に近づいていくことを収束と呼びます．通常の(確率でない)数列 $x_1, x_2, x_3, \cdots$ の収束が x に収束するということは，任意の $\varepsilon>0$ に対して，適当な n_0 が存在し，$n>n_0$ の場合，$|x_n-x|<\varepsilon$ となることで，

(6.9) $$\lim_{n\to\infty} x_n = x$$

と表します．一方，確率変数の場合は1通りの定義でなく，6.3.1～6.3.4項のような4つの収束の概念があります．

なお，確率変数は正確には $\omega\in\Omega$ の関数で $X(\omega)$ ですが，表記を簡単にするため，必要のない限り，(ω) を省略して単に X と表すこととします．

6.3.1 概 収 束

(6.10) $$P[\omega : \lim_{n\to\infty} X_n(\omega) = X(\omega)] = 1$$

が成り立つ場合，$\{X_n\}$ は X に概収束する (convergence almost everywhere)，ほとんど確実に (almost surely, a.s. と略します) 収束する，あるいは，確率1で (with probability 1) 収束すると呼びます．ω は標本空間 Ω に含まれる標本点です．概収束する場合，

(6.11) $$\lim_{n\to\infty} X_n = X, \text{ a.s.}, \quad X_n \xrightarrow{\text{a.s.}} X$$

などと表します．

概収束は，ほかの収束に比べて理解しにくい定義ですので，簡単に説明します．標本点 ω を固定すると，$\{X_n(\omega)\}$ は通常の数列とみなすことができますので，式 (6.9) の収束の定義をあてはめることができます．したがって，標本点ごとに $X(\omega)$ に収束するかどうかを決めることができます．いま，標本空間 Ω において，$\{X_n(\omega)\}$ が $X(\omega)$ に収束する標本点の集合を Ω_0 とすると，

(6.12) $$\Omega_0 = \{\omega : \lim_{n\to\infty} X_n(\omega) = X(\omega)\}$$

です．一番強い概念は，Ω に含まれるすべての標本点で収束すること，すなわち，

$$\Omega_0 = \Omega$$

となることですが，この概念は強すぎて，多くの基本的な例さえも除外されてしまいます．我々は，確率を考えていますので，確率 0 の事象（起こらないことは），考えても考えなくとも同じであるとみなすことができます．確率 1 で起こるものは，Ω と事実上同一であると考えることができます．すなわち，

(6.13) $$P(\Omega_0) = 1$$

であれば，Ω_0 は Ω と等しくなくとも，十分であることになります．これを満たすものが概収束です．

なお，概収束の概念はやや複雑ですので，確率・確率分布に詳しくない方は，概収束に関する内容を完全に理解できなくとも結構です．

6.3.2 確 率 収 束

任意の $\varepsilon > 0$ に対して，

(6.14) $$\lim_{n\to\infty} P(|X_n - X| > \varepsilon) = 0$$

の場合，$\{X_n\}$ は X に確率収束 (convergence in probability) すると呼びます．この定義は，収束するとは，$\{X_n\}$ と X が（任意の $\varepsilon > 0$ より）大きく離れている確率は 0 になることを表しています．確率収束する場合，

(6.15) $$p\lim_{n\to\infty} X_n = X, \quad X_n \xrightarrow{P} X$$

などと表します．確率変数の収束では，通常，この確率収束を考えます．

6.3.3 平 均 収 束

X_n, X の r 次のモーメントが存在するとします．このとき，$r \geq 1$ に対して，

(6.16) $$\lim_{n\to\infty} E(|X_n - X|^r) = 0$$

が成り立つとき，$\{X_n\}$ は X に r 次平均収束 (convergence in the r-th mean)

すると呼びます．特に $r=2$ の場合，平均収束すると呼びます．

6.3.4 法則収束

X_n, X の分布関数を $F_n(x), F(x)$ とすると，F の任意の連続点 x で，
$$\lim_{n\to\infty} F_n(x) = F(x) \tag{6.17}$$
となる場合，$\{X_n\}$ は X に法則収束 (convergence in law) するまたは，分布収束 (convergence in distribution) すると呼び，
$$X_n \xrightarrow{D} X \tag{6.18}$$
と表します．

この定義は，分布の収束を意味し，他の定義と異なり，X_n と X が（何らかの意味で）近づくことを意味しません．たとえば，X が標準正規分布 $N(0,1)$ に従うとし，（すべての n に対して）$X_n = -X$ とします．この場合，X_n の累積分布関数は X と同一ですが，$|X_n - X| = 2|X|$ で，これは 0 には決して近づきません．これは，収束の弱い概念となっており，法則収束する場合を弱収束 (convergence weakly) するとも呼びます．

6.3.5 収束間の関係

前節では，4つの確率変数列の収束の定義について説明しましたが，4つの定義間には次の関係があります．（一般に逆は成り立ちません．）

i) 概収束する場合，確率収束します．
ii) (2次)平均収束する場合，確率収束します．
iii) 確率収束する場合，法則収束します．ただし，定数 a に収束する場合は，確率収束と法則収束は同一となります．
iv) 概収束しても平均収束するとは限りませんし，平均収束しても概収束すると限りません．

すなわち，図 6.1 のような関係となります．

6.3.6 概収束と確率収束の例

ここでは，概収束と確率収束の違いについて，簡単な例によって説明します．すでに述べたように，確率空間 $(\Omega, \mathcal{F}, P)$ として，$\Omega = (0, 1]$，$\mathcal{F}$ を Ω 上のボレル集合体，P をルベーグ測度とします．確率変数として，
$$X_n(\omega) = \begin{cases} 1, & \omega \in (0, 1/n) \\ 0, & \text{それ以外の } \omega \end{cases} \tag{6.19}$$

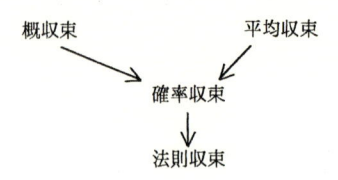

図6.1 4つの収束間の関係

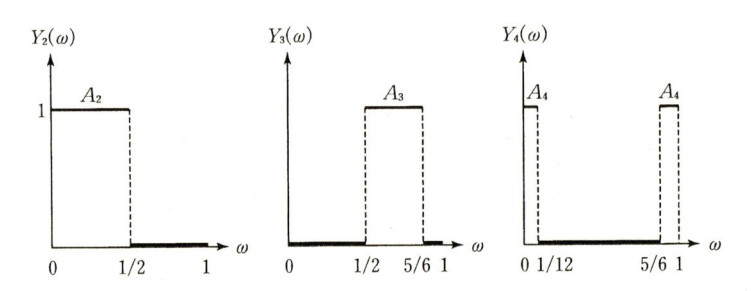

図6.2 $Y_2(\omega)$ は $0<\omega\leq 1/2$, $Y_3(\omega)$ は $1/2<\omega\leq 5/6$, $Y_4(\omega)$ は $5/6<\omega\leq 1/1$, $0<\omega\leq 1/12$, … で1となる確率変数とする.

とします. この場合, $\omega=0$ 以外では $\lim_{n\to\infty} X_n(\omega)=0$ を満足しますので, $\{X_n(\omega)\}$ は $(0,1]$ で 0 に収束します. したがって, $\{X_n\}$ は 0 に概収束します.(当然,確率収束もします.)

次に, $k_0=0$, $k_n=\sum_{i=1}^{n}(1/i)$, $n=1,2,\cdots$ とし, $\overline{k}_n$ を $\sum_{i=1}^{n}(1/i)$ より小さい最大の整数とします. A_n を, $k_{n-1}\geq \overline{k}_n$ の場合には $(k_{n-1}-\overline{k}_n, k_n-\overline{k}_n]$, $k_{n-1}<\overline{k}_n$ の場合には $(k_{n-1}-\overline{k}_n-1, 1]\cup(0, k_n-\overline{k}_n]$ とします.

このとき, 図6.2のように $Y_n(\omega)$ を

(6.20) $$Y_n(\omega)=\begin{cases}1, & \omega\in A_n\\ 0, & \text{それ以外の }\omega\end{cases}$$

とします. A_n に含まれる区間の長さの合計は $1/n$ ですので,

(6.21) $$P(Y_n=0)=1-P(A_n)=1-\frac{1}{n}$$

となり, $\{Y_n\}$ は 0 に確率収束します. しかしながら, k_n は $n\to\infty$ の場合, 無限大となりますので, すべての $\omega\in\Omega$ に関して, $\lim_{n\to\infty} Y_n(\omega)=0$ とはなりません.(すべての $\omega\in\Omega$ において, どのように大きな n_0 に対しても, $Y_n(\omega)=1$, $n>n_0$ となる n が存在します.)したがって,

(6.22) $$P[\omega : \lim_{n \to \infty} Y_n(\omega) = 0] = 0$$

で, 概収束しません.

我々が観測することができるのは, 1つの標本点 ω の値に対応した値です. 概収束では, 十分大きな n を考えれば, $X_n(\omega)$ の値が $X(\omega)$ と大きく異なることはありません. (その確率は0に近づいていきます.)

しかしながら, 確率収束では, 前記の $\{Y_n\}$ のように, どのように大きな n に対しても両者の値が大きくなる場合がありえます. (n が大きくなるに従い, その頻度は少なくなっていきますが.) なお, $\{Y_n\}$ の例において,

(6.23) $$k_n = \sum_{i=1}^{n} \left(\frac{1}{i}\right)^{1+\delta}, \quad \delta > 0$$

とすると k_n は有限の値に収束しますので, 今度は, $\{Y_n\}$ は概収束することになります.

6.4 確率収束に関する定理

6.4.1 チェビシェフの不等式

確率収束を示すのに広く使われるのが, チェビシェフの不等式 (Chebyshev's inequality) です. Z を2次のモーメントが存在する確率変数とします. 関数の分布によらず, 任意の $\varepsilon > 0$ に対して,

(6.24) $$P(|Z| > \varepsilon) \leq \frac{E(Z^2)}{\varepsilon^2}$$

となりますが, これはチェビシェフの不等式と呼ばれています. X が平均 μ, 分散 σ^2 の確率変数の場合, $Z = X - \mu$ とおくと, 式 (6.24) は,

(6.25) $$P(|X - \mu| > \varepsilon) \leq \frac{\sigma^2}{\varepsilon^2}$$

となり, 確率変数の平均と分散の関係を (X の分布によらず) 求めることができます.

なお, 式 (6.25) は連続な負の値をとらない任意の関数 g に対して, 一般化することができ,

(6.26) $$P(g(Z) > \varepsilon^2) \leq \frac{E\{g(Z)\}}{\varepsilon^2}$$

となります.

〈証明〉

ここで，$S=\{z:|z|>\varepsilon\}$ とすると，

(6.27) $\quad E(Z^2)=\int_{-\infty}^{\infty}z^2 dF(z) \geq \int_S z^2 dF(z) \geq \varepsilon^2 \int_S dF(z) = \varepsilon^2 P(|Z|>\varepsilon)$

です．

チェビシェフの不等式を使うと，(2次)平均収束するならば，確率収束する，ということを直ちに求めることができます．すなわち，$Z=X_n-X$ とおくと，

(6.28) $\quad\quad\quad\quad P(|X_n-X|\geq\varepsilon)\leq\dfrac{E\{(X_n-X)^2\}}{\varepsilon^2}$

です．平均収束する場合は，右辺→0ですので，確率収束することになります．

6.4.2 確率変数の一方が定数に収束する場合の収束

α を定数として，$X_n \xrightarrow{D} X$, $Y_n \xrightarrow{P} \alpha$ の場合，

(6.29)
$$X_n+Y_n \xrightarrow{D} X+\alpha$$
$$X_n Y_n \xrightarrow{D} \alpha X$$
$$\dfrac{X_n}{Y_n} \xrightarrow{D} \dfrac{X}{\alpha}, \quad \alpha\neq 0$$

となります．

6.5 演 習 問 題

1. $\Omega=\{0,1,2\}$ とします．Ω 上の σ-集合体を求めてください．
2. $\Omega=(0,1]$, σ-集合体 $\mathcal{F}$ として Ω 上のボレル集合体，確率測度 P としてルベーグ測度とした確率空間 $(\Omega,\mathcal{F},P)$ を考えるものとします．いま，2つの確率変数 $X(\omega)$, $Y(\omega)$ が確率 $1/2$ ずつで 0 と 1 をとるとします．
  i) $X(\omega), Y(\omega)$ が独立となる例をあげてください．
  ii) $X(\omega), Y(\omega)$ が独立とならない例をあげてください．
3. 概収束しても(2次の)平均収束しない例，平均収束しても概収束しない例をあげてください．
4. $\{X_n\}$ が定数 α に法則収束し，$X_n \xrightarrow{D} \alpha$ であるとします．このとき，$\{X_n\}$ は α に確率収束し，$X_n \xrightarrow{P} \alpha$ であることを示してください．

7. 大数の法則と中心極限定理

 大数の法則(law of large numbers)と中心極限定理(central limit theorem)は確率論の重要な大定理であり，これによって確率変数の和や平均の分布について，もとの確率変数の分布によらず，多くのことを知ることができます．(次章で説明するように，推測統計では標本平均などを使って分析を行いますので，確率変数の和や平均の分布を知ることは非常に重要な問題となっています．) 本章では，まず，大数の法則と中心極限定理について説明し，次いで，乱数を使ったシミュレーションによって，2つの定理を目で見ることによって，学習します．

7.1 大数の法則

 表の出る確率が p，裏が出る確率が $q=1-p$ のコインがあったとします．このコインを投げ，表が出れば1点，裏が出れば0点とします．いま，このコインを n 回投げて(これを試行回数と呼びます)，各回の結果を $X_1, X_2, \cdots, X_n$ とします．$r=\sum X_i=X_1+X_2+\cdots+X_n$ は1が出た回数(成功回数)ですが，それを試行回数 n で割ると，成功率 r/n を求めることができます．成功率は $X_1, X_2, \cdots, X_n$ の平均 $\bar{X}=\sum X_i/n$ となっていることに注目してください．

 大数の法則はこの成功率 r/n が n が大きくなるに従って，真の確率 p に近づくことを保証しています．ところで成功率は各変数の平均 $\bar{X}=\sum X_i/n$，p は $X_1, X_2, \cdots, X_n$ の期待値ですので，この場合，確率変数の平均は，n が大きくなるに従い，期待値に近づく(収束する)といい換えることができます．これは，コイン投げのような場合ばかりでなく，一般の確率変数についても拡張することができます．

 大数の法則はどの収束を考えるかにより，強法則と弱法則に分かれます．概収束の場合を大数の強法則(strong law of large numbers)，確率収束の場合を大数の弱法則(weak law of large numbers)と呼びます．ここでは，大数の強法則が

成り立つための2つの条件(独立同一分布(independent and identically distributed, i. i. d. と略されます)の場合と,同一分布でない場合)について説明します.(弱法則の場合,「概収束」を「確率収束」に代えます.)

ⅰ) 大数の法則1(独立同一分布の場合)

$X_1, X_2, \cdots, X_n$ が独立で,同一分布に従うとし,期待値 μ が存在するとします.(分散などは存在する必要はありません.)このとき,確率変数の平均 $\bar{X} = \sum X_i/n$ は μ に概収束する,すなわち,

(7.1) $$\bar{X} \xrightarrow{a.s.} \mu$$

となります.

ⅱ) 大数の法則2(同一分布でない場合)

$X_1, X_2, \cdots, X_n$ が独立で期待値 μ_i,有限の分散 σ_i^2 をもつとします.(同一分布に従う必要はありませんし,各変数の分散は等しい必要はありません.)$m_n = E(\bar{X}) = (1/n)\sum_{i=1}^{n}\mu_i$ とし,$\sum_{i=1}^{\infty}\sigma_i^2/i^2 < \infty$ であるとすると,確率変数の平均 $\bar{X} - E(\bar{X}) = \bar{X} - m_n$ は0に概収束する,すなわち,

(7.2) $$\bar{X} - E(\bar{X}) = \bar{X} - m_n \xrightarrow{a.s.} 0$$

となります.

大数の法則は,参加費のほうが賞金の期待値より大きい賭けを続ければ(短期間では勝つこともありますが),長期間には必ず負けることを保証しています.この法則は十分な大きさの標本を調査すれば,(母集団全体を調べなくとも)母集団についてかなりよく知ることができる可能性を示唆しており,統計学の基礎理論となっています.

なお,独立同一分布の場合であっても,その分布がコーシー分布の場合は,期待値が存在しませんので,大数の条件は満足されず,大数の法則は成り立たないことに注意してください

7.2 中心極限定理

7.2.1 中心極限定理とは

大数の法則では,確率変数の平均が n が大きくなるに従って,その期待値に近づく(概収束・確率収束する)ことを示していますが,中心極限定理はその近づき方を表しています.

$\{X_n\}$ を独立で同一分布に従う期待値 μ，分散 σ^2 の確率変数列とします．平均を $\bar{X}$ としますと，大数の法則から，$n \to \infty$ とするとこのままでは，$\bar{X} - \mu$ は 0 に確率収束してしまいますので，どのように近づくか近づき方がわかりません．そこで，$\bar{X} - \mu$ に $\sqrt{n}$ を掛けた $\sqrt{n}(\bar{X} - \mu)$ を考えます．今度は，$\sqrt{n}$ が無限大となりますので，0 になるとは限りません．中心極限定理は，適当な条件のもとで，$\sqrt{n}(\bar{X} - \mu)/\sigma$ の分布が n が大きくなるに従って，（もとの確率変数の分布によらず）正規分布 $N(0,1)$ に近づくことを保証しています．ここでは，独立同一分布の場合と同一分布でない場合の 2 つのケースについての中心極限定理を示します．なお，正規分布は連続型の分布ですが，中心極限定理は離散型の確率変数についても成り立ちます．この場合は，関数の和の累積分布関数が，正規分布の累積分布関数に近づきます．

ⅰ) 中心極限定理 1（リンデベルグ・レビー (Lindeberg-Levy) の中心極限定理，独立同一分布の場合）

$\{X_n\}$ は独立で同一分布に従い，期待値 μ，分散 σ^2 である確率変数とします．この平均を $\bar{X}$ とし，$Z_n = \sqrt{n}(\bar{X} - \mu)/\sigma$ とします．Z_n の分布関数を $G_n(x)$ とすると，任意の x に対して，$G_n(x)$ は $n \to \infty$ の場合，標準正規分布の累積分布関数に収束し，

(7.3) $$Z_n \xrightarrow{D} N(0,1)$$

となります．

ⅱ) 中心極限定理 2（リンデベルグ・フェラー (Lindeberg-Feller) の中心極限定理，同一分布でない場合）$\{X_n\}$ は独立で，$E(X_i) = \mu_i$，$V(X_i) = \sigma_i^2$ であるとします．（同一分布に従う必要はなく，期待値，分散も等しい必要はありません．）F_i を X_i の分布関数，$m_n = E(\bar{X}) = (1/n)\sum_{i=1}^{n} \mu_i$，$Z_n = \sqrt{n}(\bar{X} - m_n)/\sigma$ とします．ここで，

(7.4) $$\lim_{n \to \infty} \frac{1}{S_n^2} \sum_{i=1}^{n} \int_{|x - \mu_i| > \varepsilon C_n} (x - \mu_i)^2 dF_i(x) = 0$$
$$S_n = \sqrt{\sum_{i=1}^{n} \sigma_i^2}$$

である場合，Z_n は，標準正規分布の累積分布関数に収束する，すなわち，

(7.5) $$Z_n \xrightarrow{D} N(0,1)$$

となります．

式 (7.4) の条件は，F_i の分布があまり大きく広がっていかないことを意味しています．また，$\{X_i\}$ が独立同一分布に従い，有限の分散 σ^2 をもつ場合，F を共通の分布関数とすると，

$$(7.6) \quad \frac{1}{S_n^2}\sum_{i=1}^{n}\int_{|x-\mu_i|>\varepsilon c_n}(x-\mu_i)^2 dF_i(x) = \frac{1}{\sigma^2}\int_{|x-\mu|>\sigma\sqrt{n}}(x-\mu)^2 dF(x)$$

ですので，この条件は常に満足されます．また，独立同一分布でない場合，すべての i について適当な $\delta>0$ に対して $E(|X_i|^{2+\delta})$ が存在して，

$$(7.7) \quad \lim_{n\to\infty}\sum_{i=1}^{n}\frac{E(|X_i|^{2+\delta})}{S_n^{2+\delta}}=0$$

となる場合（これはリアプノフ (Liapounov) の条件と呼ばれています），式 (7.4) の条件は満足されます．式 (7.7) はすべしの i に対して $E(|X_i|^{2+\delta})<a$ となる正の定数 a が存在すれば満足されます．

7.2.2 独立同一分布の場合の中心極限定理の説明

$\{X_n\}$ が独立同一分布の場合の「中心極限定理1」がどのように得られるかについて簡単に説明します．（厳密な証明は本書の範囲を超えますので，興味ある読者は専門書を参照してください．）証明には第3章で説明した特性関数を使います．特性関数と分布の間には，「任意の λ において X_n の特性関数が X の特性関数に収束し，X の特性関数が $\lambda=0$ で連続あれば $X_n \xrightarrow{D} X$ である」という定理があります．

標準正規分布 $N(0,1)$ の特性関数は $\exp(-\lambda^2/2)$ で $\lambda=0$ で連続ですので，Z_n の特性関数が $\exp(-\lambda^2/2)$ に収束することを示せばよいことになります．ここで，Z_n の特性関数は，

$$(7.8) \quad \begin{aligned} C_n(\lambda) &= E[\exp(i\lambda Z_n)] = E\left[\exp\left(i\lambda \frac{X_1^* + X_2^* + \cdots + X_n^*}{\sqrt{n}}\right)\right] \\ &= E\left[\exp\left(\frac{i\lambda X_1^*}{\sqrt{n}}\right)\exp\left(\frac{i\lambda X_2^*}{\sqrt{n}}\right)\cdots\exp\left(\frac{i\lambda X_n^*}{\sqrt{n}}\right)\right] \\ &= E\left[\exp\left(\frac{i\lambda X_1^*}{\sqrt{n}}\right)\right]E\left[\exp\left(\frac{i\lambda X_2^*}{\sqrt{n}}\right)\right]\cdots E\left[\exp\left(\frac{i\lambda X_n^*}{\sqrt{n}}\right)\right] \\ X_i^* &= \frac{X_i-\mu}{\sigma} \end{aligned}$$

です．X_i^* の特性関数は（$\{X_n\}$ は同一分布に従いますので）i によらず一定です．X^* を X_i^* と同一の分布をもつ確率変数とすると，

$$(7.9) \qquad C_n(\lambda) = \left\{ E\left[\exp\left(\frac{i\lambda X^*}{\sqrt{n}} \right) \right] \right\}^n$$

です．ここで，2次までのテイラー展開を考えると，

$$(7.10) \qquad \exp\left(\frac{i\lambda X^*}{\sqrt{n}} \right) = 1 + \left(i\lambda \frac{X^*}{\sqrt{n}} \right) - \frac{\lambda^2}{2} \frac{X^{*2}}{n} + o_p(n^{-1})$$

となります．$o_p(n^{-1})$ は，（確率収束の意味で）n^{-1} より小さなオーダーの部分（$o_p(n^{-1})n$ が 0 に確率収束する）を表します．

一般に，0 に確率収束することは，期待値が 0 に収束することを意味しません．（たとえば，0 を確率 $1-1/n$ で，n を確率 $1/n$ で取る確率変数を考えてください．この確率変数は 0 に確率収束しますが，期待値は常に 1 で 0 には収束しません．）しかしながら，この場合は，$o_p(n^{-1})$ の部分の期待値は，n^{-1} のオーダー $o(n^{-1})$ となります．（証明はやや複雑ですので省略します．期待値を考えていますので，これは確率変数ではなく，通常の数列の意味でのオーダーで，添え字の p がついていないことに注意してください．）

$E(X^*)=0$, $E[(X^*)^2]=1$ ですので，

$$(7.11) \qquad E\left[\exp\left(\frac{i\lambda X^*}{\sqrt{n}} \right) \right] = 1 - \frac{\lambda^2}{2} \frac{1}{n} + o(n^{-1})$$

となります．したがって，

$$(7.12) \qquad \log C_n(\lambda) = n \log \left\{ 1 - \frac{\lambda^2}{2n} + o(n^{-1}) \right\}$$

です．

$$(7.13) \qquad \log(1+x) = x + o(x)$$

ですので，

$$(7.14) \qquad \log C_n(\lambda) = n \left\{ -\frac{\lambda^2}{2n} + o(n^{-1}) \right\} = -\frac{\lambda^2}{2} + o(1)$$

となり（$o(1)$ は $n \to \infty$ で，0 となる部分を表しています．），

$$(7.15) \qquad \lim_{n \to \infty} \log C_n(\lambda) = -\frac{\lambda^2}{2}$$

です．$C_n(\lambda)$ は標準正規分布 $N(0,1)$ の特性関数 $\exp(-\lambda^2/2)$ に収束します．したがって，Z_n の分布は標準正規分布に収束し，中心極限定理 1 が得られます．

7.2.3 中心極限定理の精度

中心極限定理は，n が十分大きい場合，$\sqrt{n}Z_n$ の分布はもとの確率変数の分布

に依存せずに,標準正規分布で近似できることを示しています. n が十分大きい場合,近似的に成り立つことを漸近的 (asymptotic) といい,その場合の分布を漸近分布 (asymptotic distribution) と呼びます.中心極限定理は,確率変数の和の漸近分布がもとの確率変数によらず,正規分布であることを示した有用かつ強力な定理で,大数の法則と並んで統計学の重要な基礎定理となっています.正規分布での近似が成り立つために必要な n の大きさですが,これはもとの分布に依存しています.もとの分布がその期待値に対して対称であれば小さな n (たとえば 10 ぐらい) でもかなりよい近似が得られます.対称でなく大きく歪んでいる場合はかなり大きな n (たとえば 30 またはそれ以上) が必要となります.

中心極限定理の精度に関しては,ベリー・エシーン (Berry-Essen) の不等式が知られています.$\{X_i\}$ が独立同一分布に従うとし,$E(|X_t|^3)=m_3<\infty$ とします.F_n を $\sqrt{n}Z_n$ の分布関数,$\Phi(x)$ を標準正規分布の分布関数とすると,

$$(7.16) \qquad |F_n(x)-\Phi(x)|<a_0\frac{m_3}{\sigma^3}\frac{1}{\sqrt{n}}$$

となります.a_0 の値は 0.7935 より小さいが,0.404974 より大きいことが知られています.

なお,もとの分布が正規分布である場合は,正規分布の性質から,n の大きさにかかわらず,(近似ではなく) 正確にその分布は正規分布となりますので注意してください.また,もとの分布がコーシー分布の場合は,中心極限定理の条件は満足されず,これらの中心極限定理は成り立たないことに注意してください.

7.3 大数の法則と中心極限定理のシミュレーション

7.3.1 大数の法則

n 個の $(0,1)$ の一様乱数の平均を計算し,n が増加するに従ってその値の分布が期待値の 0.5 へ近づくことを確かめてみます.Excel を起動してください.[ツール (T)] → [マクロ (M)] → [Visual Basic Editor (V)] をクリックして,Visual Basic Editor を起動してください.[挿入 (I)] → [標準モジュール (M)] をクリックして,新しいモジュールを挿入して次のコードを入力してください.

```
Sub LLN()
Dim NumRnd As Integer, n As Integer, i As Integer, a As Single
NumRnd=200
n=5
```

```
  For i=1 To NumRnd
  a=mean1(n)
  ActiveCell=a
  ActiveCell.Offset(1, 0).Range("A1").Select
  Next i
End Sub

Function mean1(n As Integer) As Single
Dim a As Single, i As Integer
a=0
  For i=1 To n
  a=a+Rnd
  Next i
mean1=a/n
End Function
```

[ファイル(F)]→[Microsoft Excelへ戻る(C)]を選択するか，画面下部の[Microsoft Excel]をクリックするかして，Excelに戻ってください．アクティブセルをB1へ移動し，[ツール(T)]→[マクロ(M)]→[マクロ(M)]をクリックしてください．「マクロ名」で[LLN]を選択し，[OK]をクリックして，$n=5$の場合の一様乱数の平均を200個計算してください．A204から下側に順に**平均，標準偏差，最大値，最小値，中央値，25％分位点，75％分位点**と入力してください（図7.1）．B203に **n=5**，B204から下側に順に，＝AVERAGE(B1:B200)，＝STDEV(B1:B200)，＝MAX(B1:B200)，＝MIN(B1:B200)，＝MEDIAN(B1:B200)，＝QUARTILE(B1:B200,1)，＝QUARTILE(B1:B200,3)と入力して，平均，標準偏差，最大値，最小値，中央値，25％分位点，75％分位点を求めてください．さらにnの値を50,500,5000と変えてワークシートの適当な場所に$n=50,500,5000$の場合の値をそれぞれ200個ずつ発生させて，その平均，標準偏差，最大値，最小値，25％・75％分位点を同様に求め，nが増加するに従って，得られた分布が$(0,1)$の一様乱数の期待値の0.5に近づいていくことを確認してください．

なお，データ分析において，中央値(median)は，観測値を「小さい順に並べ替えた場合の中央」すなわち，50％の値です．Excelでは，MEDIAN関数を使って

MEDIAN(データの範囲)

	A	B	C	D	E
203		n=5	n=50	n=500	n=5000
204	平均	0.4910	0.4990	0.4993	0.5000
205	標準偏差	0.1349	0.0402	0.0130	0.0038
206	最大値	0.6281	0.5943	0.5319	0.5098
207	最小値	0.1279	0.3998	0.4676	0.4901
208	中央値	0.4913	0.4982	0.4993	0.4999
209	25%分位点	0.3865	0.4673	0.4916	0.4974
210	75%分位点	0.5860	0.5289	0.5084	0.5027
211					

図7.1 発生させた乱数の平均,標準偏差,最大値,最小値,中央値,25%分位点,75%分位点を求める.nが増加するに従って,得られた分布が$(0,1)$の一様乱数の期待値の0.5に近づいていく.

で中央値を計算することができます.また,分位点は中央値を一般化したものです.p%の点はpパーセンタイル(percentile)またはpパーセント分位点と呼ばれ,「小さい順に並べ替えた場合のp%の値」です.Excelでは,

PERCENTILE(データの範囲,率),0≦率≦1

で計算することができます.データの分析でよく使われる分位点に四分位点(quartile)があります.これは,データを小さい順に25%ずつ4等分する3点で,第一四分位点(25パーセント分位点),第二四分位点(50パーセント分位点,中央値),第三四分位点(75パーセント分位点)があります.Excelでは,四分位点は,

QUARTILE(データの範囲,数値)

で求めることができます.数値には,0から4までの整数を入れ,0は最小値,1は第一四分位点,2は第二四分位点,3は第三四分位点,4は最大値が計算されます.(詳細は,拙著『Excelによる統計入門(第2版)』を参照してください.)

7.3.2 中心極限定理

確率変数の平均の分布が,nが大きくなるに従い正規分布に近づくことを,$(0,1)$の一様乱数を使って確かめてみます.VBAのモジュールに次のプロシージャを入力してください.

```
Sub CLT ()
Dim NumRnd As Integer, n As Integer, i As Integer, a As Single
NumRnd=2000
n=2
  For i=1 To NumRnd
  a=mean2(n)
```

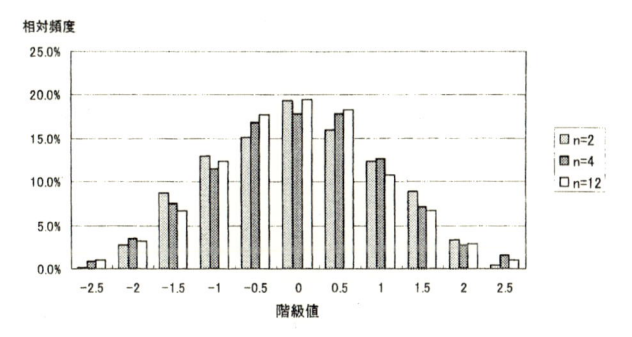

図7.2 中心極限定理のシミュレーションの結果

```
   ActiveCell=a
   ActiveCell.Offset(1, 0).Range("A1").Select
   Next i
End Sub
Function mean2(n As Integer) As Single
Dim a As Single
   a=mean1(n)
   mean2=Sqr(12*n)*(a-0.5)
End Function
```

と入力してください．ここでは，n 個の一様乱数の平均からその期待値の 0.5 を引き，$((0,1)$ の一様分布の分散は $1/12$ ですので) $\sqrt{12n}$ を掛けて分散が1となるようにした乱数を200個発生させています．Sqr は VBA で平方根を計算する関数です．

$n=2, 4, 12$ として，各々2000個ずつの繰り返しを行い，これから適当な階級の幅を選んで度数分布表をつくり，それをヒストグラムにしてください (図7.2)．n が大きくなるに従い，ヒストグラムの形状が正規分布の確率密度関数に似てくることを確認してください．

7.4 演 習 問 題

1. $X_n=a_nZ_n$，$\{Z_n\}$ は平均 0，分散 σ^2，$E(|Z_n|^3)=m_3<\infty$ で独立同一分布に従うとします．a_n が次のような値である場合，$\bar{X}=(1/n)\sum X_i$ について，大数の法則・中心極限定理が成立するかどうかを調べてください．また，$\{Z_n\}$ が $(-0.5, 0.5)$ の一様分布に従うとして，乱数を使ったシミュレーショ

ンによって，このことを確認してください．
i) $a_n = n$
ii) $a_n = \sqrt{n}$
iii) $a_n = 1/\sqrt{n}$
iv) $a_n = 1/n$

2. 二項乱数 $Bi(2, 0.7)$ を使って，n 個の乱数の平均を計算し，大数の法則のシミュレーションを行ってください．

3. 二項乱数 $Bi(2, 0.5)$, $Bi(2, 0.8)$ を使って中心極限定理のシミュレーションを行ってください．正規分布で近似されるのに，後者は前者に比較して大きな n が必要であることを確認してください．

8. 母集団の推定，検定と χ^2 分布，t 分布

　第2章では，いくつかの分布について説明しました．このうち，正規分布は，多くのデータがこの分布に従うことが知られているばかりでなく，数学的にも非常に取り扱いやすく，確率や統計学理論の中心となっています．また，たとえ，確率変数が正規分布に従わなくとも，前章で説明した中心極限定理によって漸近的に（すなわち，n がある程度以上の大きさであれば近似的に）ですが，本章の結果を使うことができます．ここでは，まず，統計学の基本的な概念である母集団と標本について説明し，正規分布に従う確率変数がどのように得られるかについて説明します．次いで，未知のパラメータを求めるのに必要な，正規分布から派生する重要な分布である χ^2（カイ二乗）分布および t 分布について説明します．さらに，標本分布および χ^2 分布，t 分布を使った区間推定，仮説検定について説明します．

8.1 母集団と標本

8.1.1 母集団，標本とは

　我々が知りたい集団全体を，母集団 (population) と呼びます．たとえば，日本人の意識調査を行う場合は日本人全体が母集団となります．しかしながら，母集団全体について知ることはしばしば困難です．日本人の意識調査を考えますと，全員を調査するとなると小さな子供は除いても1億人程度を調査する必要があることになってしまいます．このような場合，母集団からその一部を選び出し，選び出された集団について調査を行い，母集団について推定するということが行われます．これを記述統計に対して統計学的推測 (statistical inference) と呼び，母集団から選び出されたものを標本 (sample)，選び出すことを標本抽出と呼びます．新聞社やテレビ局が行う世論調査では，通常，数千人程度を選び面接や電話などによる調査を行って結果を集計しています．

しかしながら，標本は母集団のごく一部ですので，標本が母集団の分布をよく表しているかどうかはどのような標本を抽出するかに依存し，不確実性やばらつきの問題を生じます．母集団が1億人とし，標本として1000人抽出したとすると10万分の1を調査したにすぎませんし，大規模な調査を行って1万人を調査しても1万分の1を調査したにすぎません．(我々が調査するのは標本ですが，知りたいのはあくまでも母集団についてですので．)このような標本抽出に伴う不確実性やばらつきに対応するためには，どうしても確率的な取り扱いが必要不可欠となります．

8.1.2 母集団の分布とランダムサンプリング

母集団はある分布をもっていますが，その分布が $f(x)$ で表されるとします．我々の目的はこの母集団の分布について知ることですが，全数調査が不可能であり，標本調査を行うものとします．この母集団から単純ランダムサンプリング(単純無作為抽出)と呼ばれる方法で，$X_1, X_2, \cdots, X_n$ を標本として抽出したとします．単純ランダムサンプリングは母集団の各要素が選ばれる確率を等しくするものであり，最も基本的かつ重要な標本抽出方法です．母集団は非常に多くの要素からなるのが一般的ですので，数学的な取り扱いを簡単にするために無限個の要素からなるとします．このような母集団から，単純ランダムサンプリングで標本抽出を行うと，$X_1, X_2, \cdots, X_n$ は独立で，母集団の分布 $f(x)$ と同一の分布に従う確率変数となります．

8.1.3 正規母集団

本章では，特に，母集団の分布が正規分布 $N(\mu, \sigma^2)$ に従っている場合，すなわち，正規母集団の場合を考えます．μ, σ^2 は母集団を決定するパラメータですので，母数(population parameter)と呼ばれます．μ, σ^2 は母集団の平均および分散となっていますので，母平均(population mean)および母分散(population variance)と呼ばれています．

ところで，母数は未知ですので，抽出された $X_1, X_2, \cdots, X_n$ から母数を求める必要があります．これを推定(estimation)と呼び，母数を推定するために標本から求めたものを推定量(estimator)と呼びます．推定量は $X_1, X_2, \cdots, X_n$ の関数ですので，確率変数となります．

8.2 点推定と区間推定

母数を求めるのにある1つの値で求める方法を点推定と呼びます．また，推定には誤差があることを考慮し，真の母数の値が入る確率が一定以上となる区間を求める方法を区間推定と呼びます．ここでは，母平均 μ と母分散 σ^2 の点推定について述べ，次いで区間推定について説明します．

8.2.1 μ, σ^2 の点推定

母平均 μ を求めるのには，確率変数 $X_1, X_2, \cdots, X_n$ の平均（標本平均）

$$(8.1) \quad \bar{X} = \frac{X_1 + X_2 + \cdots + X_n}{n} = \sum \frac{X_i}{n}$$

が使われます．（表記を単純にするために，以後，i について1から n まで加えることを，上下の記号を省略して $\sum$ だけで表します．）また，母分散 σ^2 は標本分散

$$(8.2) \quad s^2 = \sum \frac{(X_i - \bar{X})^2}{n-1}$$

で推定します．n でなく $(n-1)$ で割っていることに注意してください．ところで，標本平均のように標本の情報を集約したものを統計量 (statistic) と呼びます．推定量は，特別な統計量です．

$X_1, X_2, \cdots, X_n$ は確率変数ですので，$\bar{X}, s^2$ も確率変数となります．その期待値をとると，$\bar{X}$ については，

$$(8.3) \quad E(\bar{X}) = \mu$$

となります．一方，$Z_i = X_i - \mu$ とすると，

$$(8.4) \quad E(Z_i Z_j) = \begin{cases} \sigma^2, & i = j \\ 0, & i \neq j \end{cases}$$

ですので，

$$(8.5) \quad E(s^2) = \frac{1}{n-1} E[\sum (X_i - \bar{X})^2] = \frac{1}{n-1} E[\sum \{(X_i - \mu) - (\bar{X} - \mu)\}^2]$$

$$= \frac{1}{n-1} E[\sum Z_i^2 - 2\sum \bar{Z} Z_i + \sum \bar{Z}^2]$$

$$= \frac{1}{n-1} \left[\sum E(Z_i^2) - \frac{2}{n} \sum E\{Z_i(Z_1 + Z_2 + \cdots + Z_n)\} \right.$$

$$\left. + \frac{1}{n^2} \sum E\{(Z_1 + Z_2 + \cdots + Z_n)^2\} \right]$$

$$=\frac{1}{n-1}(n\sigma^2-2\sigma^2+\sigma^2)=\sigma^2$$

となり，真の母数の値となります．このように，期待値をとると真の母数の値となる推定量を不偏推定量(unbiased estimator)と呼びます．また，標本平均 $\bar{X}$ の分散は，

(8.6) $$V(\bar{X})=\frac{1}{n^2}V(\sum X_i)=\frac{\sigma^2}{n}$$

となり，n が大きくなるに従って小さくなることがわかります．第6章で説明したチェビシェフの不等式から，$n\to\infty$ とすると真の母数の値に確率収束しますが，このような推定量を一致推定量(consistent estimator)と呼びます．不偏性，一致性は推定量が必要とする基本的な性質です．

8.2.2 χ^2 分布

$X_1, X_2, \cdots, X_n$ は独立で $N(\mu, \sigma^2)$ に従う確率変数ですので，正規分布の性質から，標本平均 $\bar{X}$ は，

(8.7) $$\bar{X}\sim N(\mu, \frac{\sigma^2}{n})$$

となります．(〜は確率変数がある確率分布に従うことを示しています．)したがって，$\sqrt{n}(\bar{X}-\mu)/\sigma$ は標準正規分布 $N(0,1)$ に従うことになりますが，σ は未知ですので，標本から計算した標準偏差 s で置き換える必要があります．このためには，まず，s^2 の分布を求める必要があります．標本分散 s^2 は，標本平均からの偏差の2乗和を $(n-1)$ で割って求めています．このためには，(期待値 0 の)正規分布を2乗してその和をとったものが必要となってきますが，これを与えるのが χ^2 分布(カイ二乗分布，chi-square distribution，χ はギリシャ文字の「カイ」)です．

● χ^2 分布

標準正規分布に従う確率変数 u_1 を2乗したものの分布を考えてみます．第3章の変数変換の公式から，その確率密度関数は，

(8.8) $$f(x)=\frac{1}{\sqrt{2\pi}}\exp\left(-\frac{x}{2}\right)x^{-1/2}=\frac{1}{2^{1/2}\Gamma(1/2)}\exp\left(-\frac{x}{2}\right)x^{-1/2}, \quad x\geq 0$$

となります．(2乗していますので，x の負の部分の $f(x)$ の値は 0 です．)この分布を自由度1の χ^2 分布と呼びます．自由度1の χ^2 分布は，$\alpha=1/2$, $\beta=2$ のガンマ分布 $Ga(1/2, 2)$ にほかなりません．

次に，互いに独立な k 個の標準正規分布に従う確率変数 $u_1, u_2, \cdots, u_k$ を2乗して加えた $u_1^2 + u_2^2 + \cdots + u_k^2$ が従う分布を考えてみます．ガンマ分布の再生性から，この分布は，$Ga(k/2, 2)$ となり，確率密度関数は

$$(8.9) \qquad f(x) = \frac{1}{2^{k/2} \Gamma(k/2)} \exp\left(-\frac{x}{2}\right) x^{k/2-1}, \qquad x \geq 0$$

となります．（二乗和ですので，x の負の部分の $f(x)$ の値は 0 です．）この分布を自由度 k の χ^2 分布と呼び，$\chi^2(k)$ で表します．χ^2 分布には，再生性があり，独立な $\chi^2(k_1)$ と $\chi^2(k_2)$ に従う確率変数の和は，$\chi^2(k_1+k_2)$ に従います．

$\chi^2(k)$ は次のような性質を満足します．

期待値：	k
分散：	$2k$
中央値：	$k-2/3$（大きな k の値に対する近似値）
モード：	$k-2$, $\quad k \geq 2$
原点まわりの r 次のモーメント：	$\dfrac{2^r \Gamma(k/2+r)}{\Gamma(k/2)}$
歪度：	$\sqrt{8/k}$
尖度：	$12/k$
モーメント母関数：	$(1-2t)^{-k/2}, \quad t < 1/2$
特性関数：	$(1-2it)^{-k/2}$

Excel には，χ^2 分布の確率密度関数，累積分布関数を計算する関数として CHIDIST，累積分布関数の逆関数を計算する関数として CHIINV が用意されていますが，これらの使い方については，後ほど詳しく説明します．（chi は χ の英語表記です．）

偏差の二乗和を σ^2 で割ったもの，すなわち，$\sum(X_i - \bar{X})^2/\sigma^2$ は，自由度 $n-1$ の χ^2 分布 $\chi^2(n-1)$ に従うことが知られています．n 個の和ですが，$X_i - \bar{X}$ は独立ではなく，$\sum(X_i - \bar{X}) = 0$ という条件を満たすので自由度が 1 減ってしまい，自由度は $n-1$ となることに注意してください．（詳細は，拙著『Excel による回帰分析入門』，『Excel 統計解析ボックスによる統計解析』などを参照してください．）

8.2.3 t 分布

$t = \sqrt{n}(\bar{X} - \mu)/s$ の分布を考えてみます．これは，次に説明する t 分布（t distribution) に従います．

● t 分布

2つの確率変数 Z_1 と Z_2 が次の3条件を満足するとします．
 i) $Z_1 \sim N(0,1)$，すなわち，Z_1 が標準正規分布に従う．
 ii) $Z_2 \sim \chi^2(k)$，すなわち，Z_2 が自由度 k の χ^2 分布に従う．
 iii) Z_1 と Z_2 は独立である．

この場合，

(8.10) $$t = \frac{Z_1}{\sqrt{Z_2/k}}$$

は，自由度 k の t 分布 $t(k)$ に従います．t 分布は，標準正規分布と同様 0 に対して対称の山形の分布で，多くの区間推定や検定はこの分布を使って行います．確率密度関数，累積分布関数は，

$$f(x) = \frac{\Gamma\left(\frac{k+1}{2}\right)}{\sqrt{\pi k}\,\Gamma\left(\frac{k}{2}\right)\left(1+\frac{x^2}{k}\right)^{(k+1)/2}}$$

(8.11) $$F(x) = \begin{cases} \dfrac{1}{2} + \tan^{-1}\left(\dfrac{x}{\sqrt{k}}\right) + \dfrac{x\sqrt{k}}{k+x^2}\sum_{j=0}^{(k-3)/2}\dfrac{a_j}{\left(1+\dfrac{x^2}{k}\right)^j}, & k: 奇数 \\ \dfrac{1}{2} + \dfrac{x}{2\sqrt{k+x^2}}\sum_{j=0}^{(k-2)/2}\dfrac{b_j}{\left(1+\dfrac{x^2}{k}\right)^j}, & k: 偶数 \end{cases}$$

$$a_0 = 1, \quad a_j = \left(\frac{2j}{2j+1}\right)a_{j-1}, \quad j \geq 1$$

$$b_0 = 1, \quad b_j = \left(\frac{2j-1}{2j}\right)b_{j-1}, \quad j \geq 1$$

です．$k=1$ の場合の t 分布，$t(1)$ はコーシー分布です．また，自由度が無限大になると $t(k)$ は標準正規分布 $N(0,1)$ と一致します．

$t(k)$ は次のような性質を満足します．

期待値： 0, $k \geq 2$ ($k=1$ の場合，期待値は存在しません)
分散： $\dfrac{k}{k-2}$, $k \geq 3$ ($k \leq 2$ の場合，分散は存在しません)
中央値： 0
モード： 0

原点まわりの r 次の
モーメント：
$$\begin{cases} 0, & r\text{ 奇数} \\ \dfrac{1\cdot 3\cdot 5\cdot\cdots\cdot(r-1)k^{r/2}}{(k-2)(k-4)\cdot\cdots\cdot(k-r)}, & r:\text{偶数} \end{cases}$$

$r<k$ ($r\geq k$ の場合，モーメントは存在しません)

歪度： $0,\quad k\geq 4$

尖度： $\dfrac{6}{k-4},\quad k\geq 5$

モーメント母関数： 存在しない

特性関数： $\dfrac{\sqrt{\pi}\,\Gamma\left(\dfrac{k}{2}\right)}{\Gamma\left(\dfrac{k+1}{2}\right)}\displaystyle\int_{-\infty}^{\infty}\dfrac{\exp(itz\sqrt{k})}{(1+z^2)^{(k+1)/2}}dz$

なお，t 分布はスチューデントの t 分布とも呼ばれますが，これは，t 分布を求めたウイリアム・ゴセット (William Gosset, 1876～1937) が論文のペンネームとして用いた"Student"からきています．(ゴセットは，ギネス (Guiness) 社 (黒ビールで有名) の技師でしたが，その立場上の理由からか，ほとんどの論文を"Student"の名で発表しています．)

Excel には，t 分布の確率密度関数，累積分布関数を計算する関数として TDIST，累積分布関数の逆関数を計算する関数として TINV が用意されていますが，これらの使い方については，後ほど詳しく説明します．

8.2.4 標本平均の分布

ここで，すでに述べたように

i) $\dfrac{\sqrt{n}(\bar{X}-\mu)}{\sigma}\sim N(0,1)$

ii) $\dfrac{\sum(X_i-\bar{X})^2}{\sigma^2}\sim\chi^2(n-1)$

です．また，詳細は省略しますが，

iii) $\bar{X}$ と $\sum(X_i-\bar{X})^2$

は独立となります．したがって，

(8.12) $\quad t=\dfrac{\sqrt{n}(\bar{X}-\mu)/\sigma}{\sqrt{\sum(X_i-\bar{X})^2/\{(n-1)\sigma^2\}}}=\dfrac{\sqrt{n}(\bar{X}-\mu)}{\sqrt{\sum(X_i-\bar{X})^2/(n-1)}}$

は t 分布の 3 条件を満足し，自由度 $n-1$ の t 分布 $t(n-1)$ に従います．$s^2=\sum(X_i-\bar{X})^2/(n-1)$ ですので，結局，

(8.13)
$$t = \frac{\sqrt{n}(\bar{X}-\mu)}{s} \sim t(n-1)$$

となります.

8.2.5 信頼区間の推定

すでに述べたように,標本平均 $\bar{X}$ で母平均 μ を推定しますが,標本からの推定には確率的な誤差がありますので,$\bar{X}$ は μ と一致しません.正規母集団の場合,両者が一致する確率は 0 です.しかしながら,$\bar{X}$ は μ の近くにある(その確率が高い)はずです.$\bar{X}$ を中心にある幅の区間を考えると,μ がその区間に含まれる確率は低くないはずです.

区間推定は,推定の誤差を考慮して,母平均 μ が入る確率が事前に決められた水準 $1-\alpha$ となる区間,すなわち,

(8.14)
$$P[L \leq \mu \leq U] \geq 1-\alpha$$

となる区間 $[L, U]$ を求めるものです.この区間は信頼区間 (confidence interval), L は下限信頼限界 (lower confidence limit), U は上限信頼限界 (upper confidence limit), $1-\alpha$ は信頼係数 (confidence coefficient) と呼ばれます.μ, σ^2 の区間推定は,先ほど学習した t 分布と χ^2 分布を使って行うことができます.

a. μ の区間推定

自由度 $n-1$ の t 分布において,その点より上側の確率が $100\,\alpha\%$ となる点をパーセント点 (percent point) と呼び $t_\alpha(n-1)$ で表します.F をこの分布の累積分布関数とすると,$t_\alpha(n-1)$ は,

(8.15)
$$P[t > t_\alpha(n-1)] = \alpha \Leftrightarrow t_\alpha(n-1) = F^{-1}(1-\alpha)$$

となる点です.(分布関数ではある値 x 以下の確率 $P(X \leq x)$ を考えているのに対して,パーセント点は x より大きな確率 $P(X > x)$ を考えていることに注意してください.) $t = \sqrt{n}(\bar{X}-\mu)/s$ は t 分布に従い,t 分布は原点に対して対称ですので,

(8.16)
$$P\left[\left|\frac{\sqrt{n}(\bar{X}-\mu)}{s}\right| \leq t_{\alpha/2}(n-1)\right] = 1-\alpha$$

となります.これを変形すると,

$$P\left[\bar{X} - \frac{t_{\alpha/2}(n-1)s}{\sqrt{n}} \leq \mu \leq \bar{X} + \frac{t_{\alpha/2}(n-1)s}{\sqrt{n}}\right] = 1-\alpha$$

ですので,μ の信頼係数 $1-\alpha$ の信頼区間は,

(8.17) $$\left[\bar{X} - \frac{t_{\alpha/2}(n-1)s}{\sqrt{n}}, \quad \bar{X} + \frac{t_{\alpha/2}(n-1)s}{\sqrt{n}}\right]$$

となります．同一の信頼係数に対する信頼区間は n が増加するに従って小さくなり，より詳しい推定が可能となります．なお，信頼区間の幅は $1/\sqrt{n}$ のオーダーでしか小さくならないことに注意してください．

b. 母分散の区間推定

自由度 $n-1$ の χ^2 分布の上側の確率が $100\alpha\%$ となるパーセント点を $\chi_\alpha^2(n-1)$ としますと，

(8.18) $$P\left[\chi^2_{1-\alpha/2}(n-1) \leq \sum \frac{(X_i - \bar{X})^2}{\sigma^2} \leq \chi^2_{\alpha/2}(n-1)\right] = 1 - \alpha$$

となります．t 分布の場合と異なり，原点に対して対称ではありませんので，分布の上側と下側の2つのパーセント点が必要なことに注意してください．この式を変形しますと，

(8.19) $$P\left[\sum \frac{(X_i - \bar{X})^2}{\chi^2_{\alpha/2}(n-1)} \leq \sigma^2 \leq \sum \frac{(X_i - \bar{X})^2}{\chi^2_{1-\alpha/2}(n-1)}\right] = 1 - \alpha$$

となり，母分散 σ^2 の信頼係数 $1-\alpha$ の信頼区間は

(8.20) $$\left[\sum \frac{(X_i - \bar{X})^2}{\chi^2_{\alpha/2}(n-1)}, \quad \sum \frac{(X_i - \bar{X})^2}{\chi^2_{1-\alpha/2}(n-1)}\right]$$

となります．

8.3 仮説検定

8.3.1 仮説検定とは

仮説検定 (hypothesis testing) は，観測された結果と期待される結果を比較し，母集団に関する命題を得られた標本から検証することを目的としています．ここに玩具のサイコロがありますが，これが正しくつくられている（1から6までの目の出る確率が等しく 1/6 ずつになる）かどうかをサイコロを投げて検証してみます．表8.1は，このサイコロを60回投げた結果ですが，当然のことながら，厳密にサイコロが正しくつくられている場合の理論上の仮説とは一致していません．

表8.1 サイコロを60回投げた結果

サイコロの目	1	2	3	4	5	6
回数	11	16	11	7	8	7

重要であるのは，この結果と理論値のずれが，確率的な誤差の範囲内かどうかです．統計学では，理論値とのずれが確率的な誤差の範囲を越え，誤りであると判断せざるを得ないとき，仮説を棄却 (reject) するといいます．仮説を棄却するということは，得られた標本が (仮説が正しいとすれば) ほとんど起こらないほど出現する確率が低い場合です．この基準となる確率は有意水準 (significance level) と呼ばれ，α で表されます．仮説が棄却された場合，仮説からのずれは有意 (significant) であるといいます．(当然のことながら，有意水準をどのレベルにするかで検定の結果が変わります．ただ，単に「有意である」としただけでは意味がなく，必ず，「有意水準 α で有意である」と表記する必要があります．)

一般の仮説検定では，母集団の母数についてある条件を仮定して仮説を設定し，これを帰無仮説 (null hypothesis) と呼び H_0 で表します．また，これと対立する仮説を対立仮説 (alternative hypothesis) と呼び，H_1 で表します．H_0, H_1 は互いに否定の関係にあり，同時に成り立つことはありません．(帰無) 仮説が棄却されないことを仮説が採択 (accept) されたと呼びます．(なお，仮説が採択されたといっても，これは観測結果が理論と矛盾しないということで，正しいことが積極的に証明されたわけではありませんので注意してください．)

ところで，仮説検定には次の 2 つの誤りが考えられます．

ⅰ) 帰無仮説が正しいのにもかかわらず，それを棄却してしまう，第一種の誤り (type Ⅰ error)．

ⅱ) 帰無仮説が誤りにもかかわらず，それを採択してしまう，第二種の誤り (type Ⅱ error)．

一般に標本の大きさ n が一定の場合，残念ながら，両方の起こる確率を同時に小さくすることはできません．検定においては，第一種の誤りの起こる確率をある水準 α 以下に固定し，第二種の誤りの起こる確率をできるだけ小さくする方法を考えます．すでに述べたように α は有意水準と呼ばれます．実際の検定では α の大きさは 5% や 1% が選ばれることが多いのですが，必ずこの値にしなければならないということでなく，検定の目的によって選ぶことが重要です．次に，正規母集団の母平均と母分散に関する検定について，具体的に学習します．

8.3.2 母平均に関する検定

正規母集団の母平均 μ に関する検定は最も広く行われている検定です．これを両側検定 (two-tailed test) と片側検定 (one-tailed test) とに分けて説明します．

a. 両側検定

両側検定では，帰無仮説，対立仮説を

(8.21) $\qquad H_0: \mu=\mu_0, \qquad H_1: \mu\neq\mu_0$

とします．μ_0 は，理論的や目標から想定される数値です．たとえば，エアコンの温度を25度に設定し機器が正常に働いていたとすると，観測される温度は（そのときの気象条件や部屋の使用条件などで当然ばらつきますが）25度の周辺に分布するはずですので，$H_0: \mu=25.0$ となります．

検定は μ_0 と $\overline{X}$ がどの程度離れているかに基づいて行います．区間推定のところで述べたように，$t=\sqrt{n}(\overline{X}-\mu)/s$ は自由度 $n-1$ の t 分布 $t(n-1)$ に従います．帰無仮説が正しいとすると $\mu=\mu_0$ ですから，帰無仮説のもとでは，

(8.22) $$t=\frac{\sqrt{n}(\overline{X}-\mu_0)}{s}$$

は，$t(n-1)$ に従うことになります．t のように検定に使われる統計量を検定統計量 (test statistic) と呼びます．

目的に応じて適当な有意水準 α を選びますと，両側検定では t と t 分布のパーセント点 $t_{\alpha/2}(n-1)$ とを比較して，

$|t|>t_{\alpha/2}(n-1)$ のときに帰無仮説を棄却する

$|t|\leq t_{\alpha/2}(n-1)$ のときに帰無仮説を棄却しない（採択する）

ことになります．この検定は，帰無仮説の棄却域が両側（t の値が大きすぎても小さすぎても棄却される）にあるため，両側検定と呼ばれます．

ところで，自由度 $n-1$ の t 分布 $t(n-1)$ に従う確率変数において，図8.1のように，得られた検定統計量の絶対値 $|t|$ より，その絶対値が大きくなる確率を求めることができます．これは，帰無仮説のもとで，絶対値が $|t|$ 以上となる確率を表していますが，これを両側の p 値 (p-value) と呼びます．p 値は，帰無仮説が棄却される有意水準の最小値を表していますので，p 値と α を比較する（p 値$<\alpha$ の場合，帰無仮説を棄却する）ことによって，検定を行うこともできます．

b. 片側検定

母平均の大きさが理論的・経験的に予想される場合，片側検定を行います．いま，μ の値が μ_0 より大きいことが予想されたとします．この場合，帰無仮説，対立仮説を

(8.23) $\qquad H_0: \mu=\mu_0, \qquad H_1: \mu>\mu_0$

として右片側検定を行います．

帰無仮説は変わりませんので，帰無仮説のもとでは両側検定と同じく
$$t=\frac{\sqrt{n}(\bar{X}-\mu_0)}{s}$$
は，$t(n-1)$ に従います．しかしながら，対立仮説が異なっていますので，棄却域が異なってきます．前と同様に α を有意水準としますと，右片側検定では，t と $t_\alpha(n-1)$ を比較して，

$t>t_\alpha(n-1)$ のときに帰無仮説を棄却する

$t\leq t_\alpha(n-1)$ のときに帰無仮説を棄却しない（採択する）

ことになります．

また，μ の値が μ_0 より小さいことが予想される場合は，帰無仮説，対立仮説を $H_0:\mu=\mu_0$, $H_1:\mu<\mu_0$ とし，$t<-t_\alpha(n-1)$ のときに帰無仮説を棄却し，$t\geq -t_\alpha(n-1)$ のときに帰無仮説を採択する左片側検定を行います．

ここで，$H_1:\mu>\mu_0$ とします．自由度 $n-1$ の t 分布 $t(n-1)$ に従う確率変数において，図8.2のように，得られた検定統計量の値 t より，その値が大きくなる確率を求めることができます．これを片側の p 値（p-value）と呼びます．（$H_1:\mu<\mu_0$ の場合は，t より小さくなる確率を考えます．）両側検定で説明したように，p 値は，帰無仮説が棄却される有意水準の最小値を表していますので，p 値と α を比較する（p 値 $<\alpha$ の場合，帰無仮説を棄却する）ことによって，検定

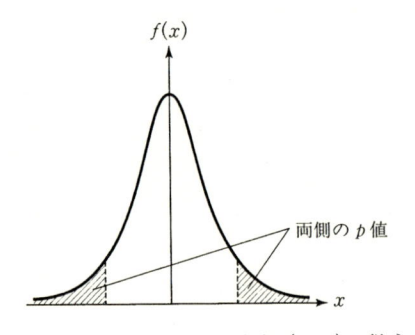

図8.1 自由度 $n-1$ の t 分布 $t(n-1)$ に従う確率変数において，得られた検定統計量の絶対値 $|t|$ より，その絶対値が大きくなる確率を求めることができるが，これを両側の p 値と呼ぶ．

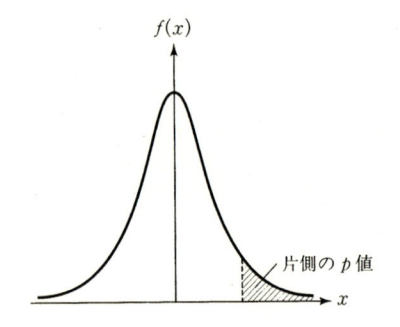

図8.2 自由度 $n-1$ の t 分布 $t(n-1)$ に従う確率変数において，得られた検定統計量の値 t より，その値が大きくなる確率を求めることができるが，これを片側の p 値と呼ぶ．

を行うこともできます．

両側検定を行うか，片側検定を行うかは，理論的・経験的に母平均の大きさが予測できるかどうかによります．

8.3.3 母分散の検定

すでに述べたように，$\sum (X_i - \bar{X})^2 / \sigma^2$ は自由度 $n-1$ の χ^2 分布，$\chi^2(n-1)$ に従います．いま，σ^2 に関する帰無仮説 $H_0: \sigma^2 = \sigma_0^2$ の検定を考えますと，帰無仮説が正しければ

$$(8.24) \qquad \chi^2 = \sum \frac{(X_i - \bar{X})^2}{\sigma_0^2} = \frac{(n-1)s^2}{\sigma_0^2}$$

は，$\chi^2(n-1)$ に従うことになります．母分散の検定はこの関係を用いて行います．検定の有意水準を α とし，$\chi^2(n-1)$ のパーセント点と χ^2 を比較し，

ⅰ) 対立仮説が $H_1: \sigma^2 \neq \sigma_0^2$ のときは，両側検定を行う．すなわち，$\chi^2_{1-\alpha/2}(n-1) \leq \chi^2 \leq \chi^2_{\alpha/2}(n-1)$ の場合 H_0 を採択し，それ以外棄却する．

ⅱ) 対立仮説が $H_1: \sigma^2 > \sigma_0^2$ のときは，右片側検定を行う．すなわち，$\chi^2 > \chi^2_\alpha(n-1)$ の場合 H_0 を棄却し，それ以外は採択する．

ⅲ) 対立仮説が $H_1: \sigma^2 < \sigma_0^2$ のときは，左片側検定を行う．すなわち，$\chi^2 < \chi^2_{1-\alpha}(n-1)$ の場合 H_0 を棄却し，それ以外採択する．

という検定を行います．両側検定を行うか，片側検定を行うかは，母平均の場合と同様，理論的・経験的に母分散の大きさが予測できるかどうかによります．

分散においても，p 値を考えることができます．片側の p 値は，$H_1: \sigma^2 > \sigma_0^2$ の場合，$\chi^2(n-1)$ に従う確率変数が χ^2 の値より大きくなる確率となります．$H_1: \sigma^2 < \sigma_0^2$ の場合は，χ^2 の値より小さくなる確率となります．χ^2 分布は原点に対して対称でありません．$\chi^2(n-1)$ の分布関数を F_0 とすると，$H_1: \sigma^2 \neq \sigma_0^2$ の場合の両側の p 値は，

ⅰ) $F_0(\chi^2) < 1/2$ の場合，$\quad 2F_0(\chi^2)$

ⅱ) $F_0(\chi^2) \geq 1/2$ の場合，$\quad 2\{1 - F_0(\chi^2)\}$

から求めます．平均の場合と同様，p 値と α を比較する（p 値 $< \alpha$ の場合，帰無仮説を棄却する）ことによって，検定を行うこともできます．

8.4 Excelによるχ^2分布, t分布を使った演習

8.4.1 χ^2 分 布

Excelを起動してください.Excelでχ^2分布の累積分布関数を求める関数はCHIDISTで,

CHIDIST(x, 自由度k)

として使用します.ただし,CHIDISTはこれまでの関数と異なり,図8.3のようにxより大きい上側の確率を計算してしまいます.したがって,分布関数は,1−CHIDIST(x,自由度)で計算します.密度関数を求める関数はExcelにはありませんので,定義式から計算します.自由度10のχ^2分布の確率密度関数,累積分布関数を求めてみましょう.A1に**カイ二乗分布**,A3に**自由度k**,B3に**10**と入力してください(図8.3).この分布は,$\mu=10.0$,標準偏差$\sigma=\sqrt{2k}\approx 4.5$ですので,$x$の値として,0から30まで0.25の間隔で計算を行ってみます.A6に**x**と入力してください.A7に**0**と入力し,Excelの埋め込みの機能を使って,30まで0.25ごとに数字を埋め込んでください.次に,確率密度関数$f(x)$の値を求めます.A4に**定数部分**,B4に**=2^(B3/2)*EXP(GAMMALN(B3/2))**と入力して,$2^{k/2}\Gamma(k/2)$を計算します.B6に**f(x)**,B7に**=(1/\$B\$4)*EXP(−A7/2)*A7^(\$B\$3/2−1)**と入力し,B7をすべての範囲に複写します.最後に累積分布関数$F(x)$を計算します.C6に**F(x)**と入力します.C7に**=1−CHIDIST(A7, \$B\$3)**と入力し,これをすべての範囲に複写して累積分布関数の値を求めてください.確率密度関数,累積分布関数をグラフにしてください

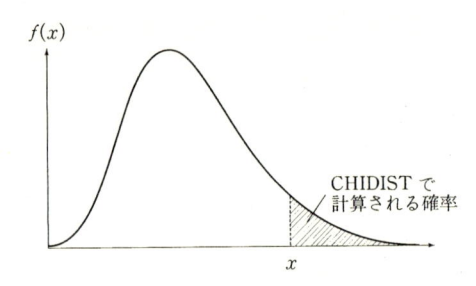

図8.3 CHIDISTはこれまでの関数と異なり,図のようにxより大きい上側の確率を求めるので,累積分布関数は,1−CHIDIST(x,自由度)で計算する.

8.4 Excelによる χ^2 分布, t 分布を使った演習

(図8.5, 8.6).

期待値 μ, 分散 σ^2 を求めます．C3に**期待値**，C4に**分散**と入力します（図8.7）．D3に **=B3**，D4に **=2*B3** と入力して，$\mu=10.0$，$\sigma^2=20.0$ を求めてください．次に，25%分位点 $x_{25\%}$，中央値 x_m，75%分位点 $x_{75\%}$ を計算してみます．累積分布関数の逆関数を求める関数は，CHIINV です．CHIDIST と同様，

	A	B	C
1	カイ二乗分布		
2			
3	自由度k	10	
4	定数部分	767.9999999	
5			
6	x	f(x)	F(x)
7	0	0	0
8	0.25	4.48661E-06	2.2919E-07
9	0.5	6.3379E-05	6.6117E-06
10	0.75	0.000283154	4.5277E-05
11	1	0.000789753	0.00017212
12	1.25	0.00170155	0.00047399
13	1.5	0.003113744	0.00106468

図8.4 χ^2 分布の確率密度関数，累積分布関数を計算する．

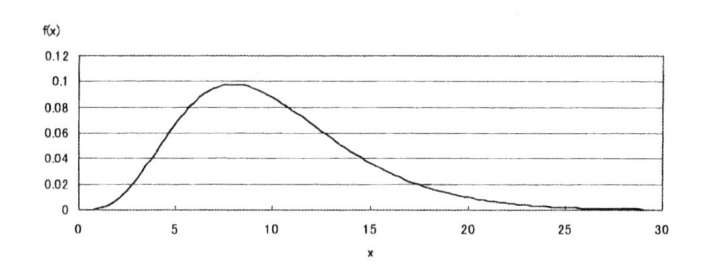

図8.5 χ^2 乗分布（自由度10）の確率密度関数

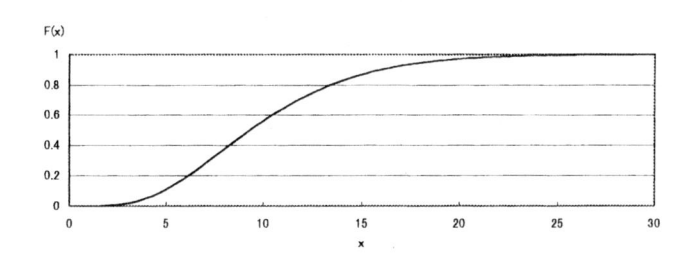

図8.6 χ^2 乗分布（自由度10）の累積分布関数

	C	D	E	F	G	H
3	期待値	10	25%分位点	6.737199	モード	8
4	分散	20	中央値	9.341816		
5			75%分位点	12.54886		

図8.7 期待値 μ, 分散 σ^2, 25%分位点 $x_{25\%}$, 中央値 x_m, 75%分位点 $x_{75\%}$, モード x_0 を求める.

CHINV は上側の確率に対応するパーセント点を計算します．E3 から E5 に **25%分位点，中央値，75%分位点** と入力してください．F3 から F5 に＝**CHIINV(0.75, \$B\$3), ＝CHIINV(0.5, \$B\$3), ＝CHIINV(0.25, \$B\$3)** と入力して各分位点を求めてください．(α の分位点を計算するには CHIINV$(1-\alpha$, 自由度 $k)$ とします．）中央値は $x_m=9.3418$ で，その近似値 $k-2/3=9.333\cdots$ と近い値となっています．最後にモード x_0 を求めますので，G3 に**モード**，H3 に＝**B3－2** と入力して，$x_0=8$ を求めてください．

8.4.2 t 分 布

Excel の t 分布，累積分布関数を求める関数は TDIST で，
TDIST(x, 自由度, 尾部)

として使用します．x は 0 または正の値を指定します．負の値を入力するとエラーとなります．CHIDIST の場合と同様，TDIST は，x より大きい上側の確率を計算します．尾部は，1 または 2 を指定し，図 8.8 のように 1 の場合は片側の確率を，2 の場合は両側の確率を計算します．したがって，累積分布関数は

$x \geq 0$ の場合： $1-\mathrm{TDIST}(x, \text{自由度}\ k, 1)$

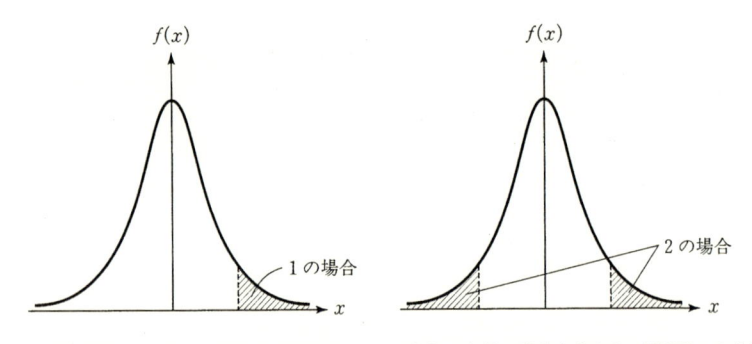

$x < 0$ の場合： $\mathrm{TDIST}(-x, \text{自由度}\ k, 1)$

図8.8 CHIDIST の場合と同様，TDIST は x より大きい上側の確率を求める．尾部は，1 または 2 を指定し，1 の場合は片側の確率を，2 の場合は両側の確率を計算する．

8.4 Excelによる χ^2 分布, t 分布を使った演習

	R	S	T
1	t分布		
2			
3	自由度k	5	
4	定数部分	0.379607	
5			
6	x	f(x)	F(x)
7	-4	0.0051	0.0052
8	-3.9	0.0057	0.0057
9	-3.8	0.0065	0.0063
10	-3.7	0.0073	0.0070
11	-3.6	0.0082	0.0078
12	-3.5	0.0092	0.0086

図 8.9 t 分布の確率密度関数, 累積分布関数を計算する.

で求めます. Excelには, 確率密度関数を計算する関数は存在しませんので, 式 (8.11) から求めます.

自由度5の場合の確率関数, 累積分布関数の値を求めてみましょう. R1に **t分布**, R3に**自由度k**, S3に **5** と入力してください (図 8.9). R4に**定数部分**, S4に =EXP(GAMMALN((S3+1)/2))/(SQRT(PI()*S3)*EXP(GAMMALN(S3/2))) と入力して $\Gamma((k+1)/2)/\sqrt{\pi k}\Gamma(k/2)$ を計算します. R6に **x** と入力して, R7からの範囲に -4.0 から 4.0 までの数字を 0.1 の間隔で入力してください. 確率関数 $f(x)$ を計算します. S6に **f(x)** と入力します. S7に =$S$4/(1+R7^2/$S$3)^(($S$3+1)/2) と入力し, これをデータの範囲全体に複写します. 次に, 累積分布関数 $F(x)$ を計算します. T6に **F(x)** と入力します. T7に =IF(R7>=0, 1−TDIST(R7, $S$3, 1), TDIST(−R7, $S$3, 1)) と入力し, これを複写して累積分布関数の値を求めてください. 確率密度関数, 分布関数をグラフにしてください (図 8.10, 8.11).

期待値 μ, 分散 σ^2 を求めますので, T3に**期待値**, T4に**分散**と入力します

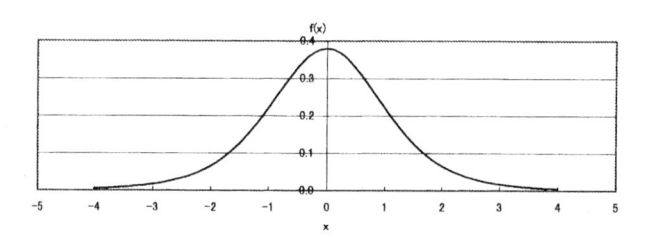

図 8.10 t 分布 (自由度 5) の確率密度関数

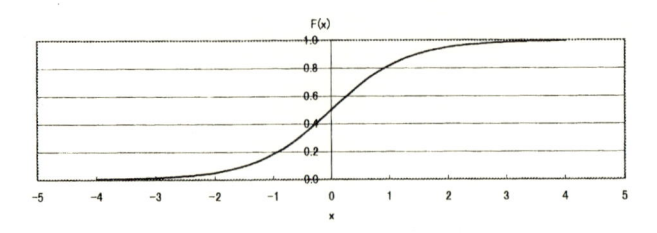

図8.11 t 分布（自由度5）の累積分布関数

	T	U	V	W
3	期待値	0	25%分位点	-0.72669
4	分散	1.666667	中央値	0.00000
5			75%分位点	0.72669

図8.12 期待値 μ，分散 σ^2，25%分位点 $x_{25\%}$，中央値 x_m，75%分位点 $x_{75\%}$ を求める．

（図8.12）．U3に **0**，U4に **＝S3/(S3−2)** と入力して $\sigma^2=5/3=1.666\cdots$ を求めてください．

t 分布の累積分布関数の逆関数を求める関数は，TINV です．χ^2 分布の場合と同様，TINV も上側の確率に対応するパーセント点を計算します．なお，＝TINV(a, 自由度 k) と入力すると，$a/2$ のパーセント点 $t_{a/2}(k)$ が計算されますので注意してください．25%分位点 $x_{25\%}$，中央値 x_m，75%分位点 $x_{75\%}$ を計算してみます．V3からV5に **25%分位点**，**中央値**，**75%分位点** と入力してください．W3からW5に **＝−TINV(0.5, \$S\$3)**, **＝TINV(1.0, \$S\$3)**, **＝TINV(0.5, \$S\$3)** と入力して各分位点を求めてください．（t 分布は，原点に対して対称な分布ですので，$a<0.5$ の分位点を計算するには TINV($2a$, 自由度 k)，$a\geq 0.5$ の分位点を計算するには TINV($2a$, 自由度 k) とします．）

8.4.3 母平均と母分散の区間推定

$\mu=20.0$, $\sigma^2=1$ の正規分布に従う乱数を発生させ，これを使って，$n=6$ のデータの母平均と母分散の区間推定を2000回行ってみます．信頼係数は95%とします．Excel のブックを新しくしてください．A1に **区間推定**，A9に **データ** と入力してください．1行を1組のデータとし，これを2000行について行います．A10に **番号**，B10からG10までに **X1, X2, X3, X4, X5, X6** と入力します．Excel の埋め込み機能を使って，A11からA2010に1から2000までの番号を入

力します．(A11に**1**と入力し，アクティブセルをA11とし，[編集(E)]→[フィル(I)]→[連続データの作成(S)]をクリックし，「範囲」を「列(C)」，「停止値(O)」を**2000**とします．)

B11からG2010の範囲に$\mu=20.0$，$\sigma^2=1$の正規乱数を発生させます．第2章で説明したのと同様，[ツール(T)]→[分析ツール(T)]→[乱数発生]をクリックします．「乱数発生」のボックスが現れますので，「変数の数(V)」を**6**，「乱数の数(B)」を**2000**，「分布(D)」を[正規]，「平均(E)」を**20**とし(「標準偏差(S)」は1のまま変更する必要はありません)，「出力オプション」の「出力先(O)」を**B11**とします(図8.13)．B〜G列に$\mu=20.0$，$\sigma^2=1$の正規乱数が出力されます(図8.14)．

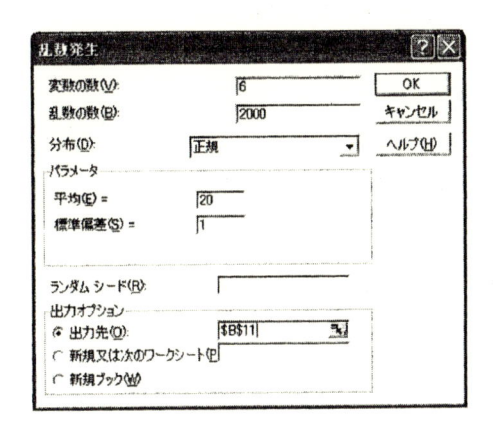

図 8.13 [ツール(T)]→[分析ツール(T)]→[乱数発生]をクリックする．「乱数発生」のボックスが現れるので，「変数の数(V)」を6,「乱数の数(B)」を2000,「分布(D)」を「正規」,「平均(E)」を20とし(「標準偏差(S)」は1のまま変更する必要はない)「出力オプション」の「出力先(O)」をB11とする.

	A	B	C	D	E	F	G
9	データ						
10	番号	X1	X2	X3	X4	X5	X6
11	1	19.69977	18.72232	20.24426	21.27647	21.19835	21.73313
12	2	17.81641	19.76582	21.09502	18.9133	19.3098	18.30957
13	3	18.15309	19.02237	19.22649	17.88207	19.43208	19.58595
14	4	20.13485	19.63451	19.67301	19.62976	21.34264	19.91472
15	5	19.81384	19.48679	21.97221	20.86567	22.37565	19.34509
16	6	21.66146	18.3876	20.53895	20.90219	21.91892	19.91548

図 8.14 B11からG2010の範囲に$\mu=20.0$，$\sigma^2=1.0$の正規乱数が出力される．

a. 母平均の推定

2000組のデータに対して，母平均の信頼区間を推定してみます．I2から下側に順に，**標本の大きさ (n)，自由度 (n−1)，信頼係数，パーセント点**と入力してください（図8.15）．その隣に，J2から順に6，=J2−1，95%，=TINV(1−J4, J3) と入力してください．TINVは，t分布のパーセント点を求める関数で，t（確率，自由度）としますが，TINV(α, k) とすると，他の関数と異なり $\alpha/2$ のパーセント点の $t_{\alpha/2}(k)$ が計算されますので，注意してください．

I9に**母平均の信頼区間**，I10からM10に，**平均，標準偏差，幅*1/2，下限，上限**と入力してください．I11に =**AVERAGE(B11:G11)**，J11に =**STDEV(B11:G11)** と入力して，第11行の6つの乱数の値の平均，標準偏差を求めてください．(Excelでは，STDEVは標本標準偏差，すなわち，偏差の2乗和を $n-1$ で割って求めています．なお，VARP，STDEVPは n で割った母集団の分散，標準偏差を，VARおよびSTDEVは $n-1$ で割った標本分散，標本標準偏差を計算します．) K11に信頼区間の幅の半分である $t_{\alpha/2}(n-1) \cdot s/\sqrt{n}$ を計算しますので，=$J$5*J11/SQRT($J$2) と入力します．L11には，=I11−K11，M11には =I11+K11 と入力して下限信頼限界，上限信頼限界を求めます．これを2000行のデータ範囲すべてに複写して，区間推定を2000回行ってください．

次に，いま求めた2000個の信頼区間のうち，真の値 $\mu=20.0$ を含んでいる区間の数を数えてみます．N10に**真の値**，N11に =IF(L11<20, IF(M11>=20, 1, 0), 0) と入力し，求めた信頼区間に20.0が含まれる場合1，含まれない場合0

	I	J	K	L	M	N
1						
2	標本の大きさ(n)	6				
3	自由度(n−1)	5				
4	信頼係数	95%				
5	パーセント点	2.5706				
6	20.0を含む区間の数	1899				
7						
8						
9	母平均の信頼区間					
10	平均	標準偏差	幅*1/2	下限	上限	真の値
11	20.47904981	1.137999	1.194191	19.28486	21.67324	1
12	19.20165275	1.158679	1.215567	17.9857	20.41761	1
13	18.88534148	0.704528	0.739355	18.14599	19.6247	0
14	20.05491494	0.661459	0.694157	19.36076	20.74907	1
15	20.64321193	1.305937	1.370485	19.27272	22.01371	1

図8.15 母平均の区間推定の結果

が出力されるようにしてください．N11 を N2010 までの範囲に複写してくださ
い．I6 に 20.0 を含む区間の数，J6 に ＝SUM(N11 : N2010) と入力し，20.0 を
含む信頼区間の数を求めてください．ほぼ，1900 個 (2000 の 95％) の区間が真
の値 $\mu = 20.0$ を含んでいることがわかります．

なお，最新のパソコンでは問題になりませんが，Excel ではワークシート上の
すべての数式は，何か操作を行うと再計算されます．また，数式は，多くの記憶
領域を必要とします．この演習では，多くの数式・関数を使います．メモリの容
量が小さかったり，計算速度が遅かったりする旧式のパソコンでは，ファイルが
大きくなりすぎたり，時間がかかりすぎたりする場合があります．そのような場
合は，値複写の機能を使って，数式を値に置き換えて演習を行ってください．

b．母分散の推定

母分散の区間推定を行ってみます．P9 に**母分散の区間推定**と入力します (図
8.16)．まず，χ^2 分布のパーセント点を求めます．P2 から順に下側に**カイ二乗
分布，下側パーセント点，上側パーセント点**と入力してください．$\chi^2_{1-\alpha/2}(n-1)$,
$\chi^2_{\alpha/2}(n-1)$ を計算しますので，Q3 に ＝CHIINV(1−(1−J4)/2, J3)，Q4 に ＝
CHIINV((1−J4)/2, J3) と入力してください．次に，平均からの偏差の二乗和
を計算しますので，P10 に**偏差二乗和**，P11 に ＝**DEVSQ(B11 : G11)** と入力し
てください．DEVSQ は偏差の二乗和を求める関数です．

標本分散 s^2 を求めます．Q10 に**分散**，Q11 に ＝**VAR(B11 : G11)** と入力して
ください．次に，信頼係数 95％ の区間推定を行いますので，R10 に**下限**，S10

	P	Q	R	S	T
1					
2	カイ二乗分布				
3	下側パーセント点	0.831209			
4	上側パーセント点	12.83249			
5	1.0を含む区間の数	1895			
6					
7					
8					
9	母分散の区間推定				
10	偏差二乗和	分散	下限	上限	真の値
11	8.474521255	1.294904	0.504541	7.789283	1
12	8.712681725	1.342536	0.5231	8.075806	1
13	2.481796522	0.496359	0.193399	2.985768	1
14	2.187637623	0.437528	0.170476	2.631875	1

図 8.16 母分散の区間推定の結果

に上限と入力してください．R11に =P11/$Q$4，S11に =P11/$Q$3 として偏差の二乗和をパーセント点の上限値，下限値で割って信頼区間を求めてください．P11からS11をすべてのデータの範囲に複写して，分散の区間推定を2000回行ってください．

いま求めた2000個の信頼区間のうち，真の値 $\sigma^2=20.0$ を含んでいる区間の数を数えてみます．T10に**真の値**，T11に =IF(R11<=1, IF(S11>=1, 1, 0), 0) と入力してください．T11をT2010までの範囲に複写してください．P5に **1.0 を含む区間の数**，R5に =SUM(T11:T2010) と入力し，1を含む信頼区間の数を求めてください．平均の場合と同様，ほぼ，1900個(2000の95%)の区間が真の値 $\mu=20.0$ を含んでいることがわかります．

8.4.4 母平均と母分散の検定

a. 母平均の検定

i) 両側検定

ここでは，このデータを使って母平均 μ の検定を行ってみます．$\mu=20.0$ ですので，帰無仮説，対立仮説は

$$H_0: \mu=20.0, \quad H_1: \mu\neq 20.0$$

となります．

V1に**母平均の検定**と入力し，V3から下側へ順に**検定1(両側検定)，帰無仮説，対立仮説，有意水準，パーセント点**と入力してください(図8.17)．W4に帰無仮説の値の **20** を，W5に対立仮説の **≠20**，W6に有意水準の **5%** を入力してください．(「≠」は「ふとうごう」と入力して，変換すると得ることができます．) W7に =TINV(W6, J3) と入力して，t 分布のパーセント点 $t_{\alpha/2}(n-1)$ の値を求めます．すでに検定統計量の計算に必要な $\bar{X}, s, n$ は計算してありますので，V10に**検定統計量 t**，V11に =SQRT($J$2)*(I11−$W$4)/J11 として，検定統計量 $t=\sqrt{n}(\bar{X}-\mu_0)/s$ の値を計算します．

$|t|$ と $t_{\alpha/2}(n-1)$ の値を比較して検定を行います．W10に**検定結果**，W11に =IF(ABS(V11)>$W$7, 1, 0) と入力し，帰無仮説が棄却された場合を1，棄却されなかった場合(採択された場合)を0とします．V11, W11をすべてのデータ範囲に複写し，この検定を2000回行ってください．V8に**棄却回数**，W8に =SUM(W11:W2010) と入力し，帰無仮説が(誤って)棄却された回数を求めてください．これは，2000の5%の100回程度となっています．次に，両側の p 値

8.4 Excelによる χ^2 分布, t 分布を使った演習

	V	W	X
1	母平均の検定		
2			
3	検定1(両側検定)		
4	帰無仮説	20	
5	対立仮説	≠20	
6	有意水準	5%	
7	パーセント	2.570578	
8	棄却回数	101	
9			
10	検定統計量	検定結果	p値(両側)
11	1.031187	0	0.349728
12	-1.68774	0	0.152265
13	-3.87543	1	0.011696
14	0.203357	0	0.846873

図8.17　母平均の両側検定の結果

	Z	AA	AB
1			
2			
3	検定2(片側検定)		
4	帰無仮説	22	
5	対立仮説	<22	
6	有意水準	1%	
7	パーセント	3.36493	
8	棄却回数	1776	
9			
10	検定統計量	検定結果	p値(片側)
11	-3.27395	0	0.011051
12	-5.91581	1	0.000983
13	-10.829	1	5.83E-05
14	-7.20297	1	0.000402
15	-2.54487	0	0.025794

図8.18　母平均の片側検定の結果

を求めてみます．X10に **p値(両側)**，X11に **=TDIST(ABS(V11), \$J\$3, 2)** と入力して，両側の p 値を求め，これをすべてのデータ範囲に複写してください．帰無仮説が棄却される場合は p 値が5%より小さく，採択される場合は5%より大きくなっていることを確認して下さい．

ⅱ) 片側検定

ここで，μ が22.0を超えると困ったことが起きるとします．(たとえば，得られるデータをコンピュータ室の温度とし，その平均温度が22℃より高いと，コンピュータが故障を起こしやすくなるとします．) μ が22.0より小さくなっているかどうかを検定してみます．この場合，等しいかどうかだけでなく，大きさも重要ですので，帰無仮説，対立仮説を

$$H_0 : \mu = 22.0, \qquad H_1 : \mu < 22.0$$

とし，左片側検定を使います．

Z3から順に **検定2(片側検定)**，**帰無仮説**，**対立仮説**，**有意水準**，**パーセント点** と入力してください(図8.18)．AA4に **22**，AA5に **<22**，AA6に **1%**，と入力してください．AA6にパーセント点を計算します．α のパーセント点の $t_\alpha(n-1)$ を計算するには，TINV($2*\alpha, n-1$)とする必要がありますので，AA7に **=TINV(AA6*2, J3)** と入力してパーセント点を求めます．Z10に **検定統計量 t**，Z11に **=SQRT(\$J\$2)*(I11-\$AA\$4)/J11** と入力して t 値を計算してください．

t と $t_\alpha(n-1)$ の値を比較して検定を行います．AA10に **検定結果**，AA11に

＝IF(Z11＜－$AA$7, 1, 0) と入力し，帰無仮説が棄却された場合を1，棄却されなかった場合(採択された場合)を0とします．Z11, AA11 をすべてのデータ範囲に複写し，この検定を 2000 回行ってください．Z8 に**棄却回数**，AA8 に ＝SUM(AA11 : AA2010) と入力し，帰無仮説が(正しく)棄却された回数を求めてください．1800 回程度，帰無仮説が棄却されていることがわかります．次に，片側の p 値を求めてみます．AB10 に **p値(片側)**，AB11 に ＝TDIST(ABS(Z11), $J$3, 1) と入力して，片側の p 値を求め，これをすべてのデータ範囲に複写してください．帰無仮説が棄却される場合は p 値が1% より小さく，採択される場合は1% より大きくなっていることがわかります．

b. 母分散の検定

母分散 σ^2 が 1 であるかどうか，すなわち，

$$H_0 : \sigma^2=1.0, \qquad H_1 : \sigma^2 \neq 1.0$$

を検定してみます．AD1 に**母分散の検定**，AD3 から下側に順に**検定3，帰無仮説，対立仮説，有意水準，下側パーセント点，上側パーセント点**と入力してください(図 8.19)．AE4 から順に 1, ≠1, 5% と入力してください．CHIINV を使って，χ^2 分布の下側，上側のパーセント点を AE7, AE8 に求めてください．AD10 に**検定統計量 χ2** と入力してください．偏差の二乗和はすでに計算してありますので，AD11 に偏差の二乗和を帰無仮説の値で割って検定統計量 χ^2 を計算してください．

χ^2 と $\chi^2_{1-\alpha/2}(n-1)$, $\chi^2_{\alpha/2}(n-1)$ の値を比較して検定を行います．AE10 に**検定**

	AD	AE	AF	AG
1	母分散の検定			
2				
3	検定3			
4	帰無仮説	1	棄却回数	105
5	対立仮説	≠1	中央値	4.35146
6	有意水準	5%		
7	下側パーセント点	0.831209		
8	上側パーセント点	12.83249		
9				
10	検定統計量 χ2	検定結果	p値(両側)	
11	6.474521255	0	0.525486	
12	6.712681725	0	0.485801	
13	2.481796522	0	0.441532	
14	2.187637623	0	0.354761	

図 8.19　母分散の両側検定の結果

結果，AE11に =IF(AD11<$AE$7, 1, IF(AD11>$AE$8, 1, 0)) と入力し，帰無仮説が棄却された場合を 1，棄却されなかった場合(採択された場合)を 0 としてください．AD11, AE11 をすべてのデータ範囲に複写し，この検定を 2000回行ってください．AF4 に **棄却回数**，AG4 に =SUM(AE11 : AE2010) と入力し，帰無仮説が(正しく)棄却された回数を求めてください．100 回程度，帰無仮説が棄却されていることを確認してください．

最後に両側の p 値を求めます．AF10 に **p 値(両側)** と入力してください．この場合，$P[\chi^2(n-1) \leq \chi^2]$ が 1/2 より小さいか大きいかによって，計算式が多少異なります．AF11 に =IF(AD11>$AG$5, 2*CHIDIST(AD11, $J$3), 2*(1−CHIDIST(AD11, $J$3))) と入力して両側の p 値を求めてください．

8.5 演 習 問 題

1. 第 3 章で学習した公式を使って，自由度 1 の χ^2 分布の確率密度関数が式 (8.8) で得られることを示してください．
2. モーメント母関数，特性関数を使って，独立な $\chi^2(k_1)$ と $\chi^2(k_2)$ に従う確率変数の和は，$\chi^2(k_1+k_2)$ に従うことを示してください．
3. 自由度 1, 3, 5 の χ^2 分布の確率密度関数，累積分布関数をグラフに書いてください．また，1, 5, 10, 20, 30, 40, 50, 60, 70, 80, 90, 95, 99% のパーセント点を求めてください．
4. 自由度 1, 3, 10, 30 の t 分布の確率密度関数，累積分布関数をグラフに書いてください．また，1, 5, 10, 20, 30, 40, 50% のパーセント点を求めてください．
5. $\mu=10.0$，$\sigma^2=2.0$ の正規分布に従う乱数を使って，$n=8$ のデータを 1000 組発生させ，次の区間推定，検定を 1000 回ずつ行ってください．
 i) 母平均の区間推定
 ii) 母分散の区間推定
 iii) 有意水準を 1% として，$H_0 : \mu=10.0$，$H_1 : \mu \neq 10.0$ の検定
 iv) 有意水準を 5% として，$H_0 : \mu=9.0$，$H_1 : \mu>9.0$ の検定
 v) 有意水準を 1% として，$H_0 : \sigma^2=2.0$，$H_1 : \sigma^2 \neq 2.0$ の検定
 vi) 有意水準を 5% として，$H_0 : \sigma^2=1.0$，$H_1 : \sigma^2>1.0$ の検定

9. 異なった母集団の同一性の検定と F 分布

9.1 2つの母集団の同一性の検定

2つの正規母集団が同一かどうかは，非常に重要な問題です．たとえば，薬の副作用を調べる場合，実験用のマウスを2つのグループに分け，一方のみに薬を与えてその結果，与えなかったグループの体重などに差がでるかどうかを検定する，といったことが広く行われています．これを2標本検定(two-sample test)といいますが，ここでは，母平均の差の検定，F分布を使った母分散の比の検定および一元配置分散について学習します．

9.1.1 母平均の差の検定

2つの母集団が，正規分布 $N(\mu_1, \sigma_1^2)$, $N(\mu_2, \sigma_2^2)$ に従い，第一の母集団から $X_1, X_2, \cdots, X_m$ を，第二の母集団から $Y_1, Y_2, \cdots, Y_n$ を標本として抽出したとします．検定したいのは $\mu_1 = \mu_2$ かどうかですので，帰無仮説は，

$$H_0 : \mu_1 = \mu_2$$

となります．対立仮説は，両側検定の場合，

$$H_1 : \mu_1 \neq \mu_2$$

片側検定の場合，

$$H_1 : \mu_1 > \mu_2 \quad \text{または} \quad H_1 : \mu_1 < \mu_2$$

となります．両側か片側かは，すでに学習したように目的に応じて決定されます．検定は，2つの母分散が等しいかどうかによって異なりますので，各々について簡単に説明します．

a. $\sigma_1^2 = \sigma_2^2 = \sigma^2$ の場合の検定

2つの母分散が等しい場合，2つの標本平均を $\bar{X}, \bar{Y}$ とし，分散 σ^2 を

(9.1) $$s^2 = \frac{\sum_{i=1}^{m}(X_i-\bar{X})^2 + \sum_{j=1}^{n}(Y_i-\bar{Y})^2}{m+n-2}$$

とすると，帰無仮説のもとで，

(9.2) $$t = \frac{\bar{X}-\bar{Y}}{s\sqrt{(1/m)+(1/n)}}$$

は，自由度 $m+n-2$ の t 分布に従うことが知られています．したがって，

  i) 両側検定では，$|t|>t_{\alpha/2}(m+n-2)$ の場合，帰無仮説を棄却し，それ以外は採択する．

  ii) $H_1: \mu_1>\mu_2$ では，$t>t_\alpha(m+n-2)$ の場合，帰無仮説を棄却し，それ以外は採択する．

  iii) $H_1: \mu_1<\mu_2$ では，$t<-t_\alpha(m+n-2)$ の場合，帰無仮説を棄却し，それ以外は採択する．

ことになります．

b. $\sigma_1^2 \neq \sigma_2^2$ の場合の検定

母分散が等しくない場合，$s_1^2 = \sum(X_i-\bar{X})^2/(m-1)$, $s_2^2 = \sum(Y_j-\bar{Y})^2/(n-1)$ をそれぞれの標本分散とすると，

(9.3) $$t = \frac{\bar{X}-\bar{Y}}{\sqrt{s_1^2/m + s_2^2/n}}$$

は，帰無仮説のもとで近似的(残念ながら正確な分布を求めることはできません)に自由度が

(9.4) $$v = \frac{(s_1^2/m + s_2^2/n)^2}{\frac{(s_1^2/m)^2}{m-1} + \frac{(s_2^2/n)^2}{n-1}}$$

に最も近い整数 v^* で与えられる t 分布 $t(v^*)$ に従うことが知られています．したがって，

  i) 両側検定では，$|t|>t_{\alpha/2}(v^*)$ の場合，帰無仮説を棄却し，それ以外は採択する．

  ii) $H_1: \mu_1>\mu_2$ では，$t>t_\alpha(v^*)$ の場合，帰無仮説を棄却し，それ以外は採択する．

  iii) $H_1: \mu_1<\mu_2$ では，$t<-t_\alpha(v^*)$ の場合，帰無仮説を棄却し，それ以外は採択する．

ことになります．なお，この検定はウェルチの検定(Welch's test)と呼ばれてい

なお，詳細は省略しますが，母分散が等しいにもかかわらずこの検定を行いますと，検定の精度が落ちますので，注意してください．

9.1.2 母分散の比の検定と F 分布
a. 分　散　の　比
2つの正規母集団の母平均の検定は，母分散が等しいかどうかに依存します．また，2つの製造工程のばらつきの比較など，母分散が等しいかどうかそれ自体が重要となる場合もあります．帰無仮説は，
$$H_0 : \sigma_1^2 = \sigma_2^2$$
で，対立仮説は，両側検定で
$$H_1 : \sigma_1^2 \neq \sigma_2^2$$
片側検定で
$$H_1 : \sigma_1^2 > \sigma_2^2 \quad \text{または} \quad H_1 : \sigma_1^2 < \sigma_2^2$$
となります．

このためには，分散の比の分布を考えます．分散は χ^2 分布をその自由度で割ったものの定数倍となっていますので，分散の分布を知るためには，χ^2 分布の比の分布を知ることが必要になってきます．これは，F 分布 (F distribution) で与えられます．

b. F 分 布
2つの確率変数 Z_1 と Z_2 が次の3条件を満足するとします．
ⅰ) $Z_1 \sim \chi^2(k_1)$，すなわち，Z_1 が自由度 k_1 の χ^2 分布に従う．
ⅱ) $Z_2 \sim \chi^2(k_2)$，すなわち，Z_2 が自由度 k_2 の χ^2 分布に従う．
ⅲ) Z_1 と Z_2 は独立である．

この場合，Z_1 と Z_2 をその自由度で割ったものの比（フィッシャー比），
$$(9.5) \qquad F = \frac{Z_1/k_1}{Z_2/k_2}$$
は，自由度 (k_1, k_2) の F 分布に従います．

自由度 (k_1, k_2) の F 分布の確率密度関数は，
$$(9.6) \quad f(x) = \frac{\Gamma\left(\frac{k_1+k_2}{2}\right) k_1^{k_1/2} k_2^{k_2/2}}{\Gamma\left(\frac{k_1}{2}\right)\Gamma\left(\frac{k_2}{2}\right)} x^{(k_1/2)-1}(k_2+k_1 x)^{-(k_1+k_2)/2}, \qquad x \geq 0$$

です.(χ^2 分布と同様, x の負の部分の $f(x)$ の値は 0 です.累積分布関数は解析的に表すことはできません.)

$F(k_1, k_2)$ は次のような性質を満足します.

期待値: $\quad \dfrac{k_2}{k_2-2}, \quad k_2 \geq 3$

分散: $\quad \dfrac{2k_2^2(k_1+k_2-2)}{k_1(k_2-2)^2(k_2-4)}, \quad k_2 \geq 5$

モード: $\quad \dfrac{k_2(k_1-2)}{k_1(k_2+2)}, \quad k_2 \geq 3$

原点まわりの r 次のモーメント: $\quad \dfrac{\left(\dfrac{k_2}{k_1}\right)^r \Gamma\left(\dfrac{k_1}{2}+r\right)\Gamma\left(\dfrac{k_2}{2}-r\right)}{\Gamma\left(\dfrac{k_1}{2}\right)\Gamma\left(\dfrac{k_2}{2}\right)}, \quad r \leq \dfrac{k_2-1}{2}$

歪度: $\quad \dfrac{(2k_1+k_2-2)\sqrt{8(k_2-4)}}{(k_2-6)\sqrt{k_1(k_1+k_2-2)}}, \quad k_2 \geq 7$

尖度: $\quad \dfrac{12\{(k_2-2)^2(k_2-4)+k_1(k_1+k_2-2)(5k_2-22)\}}{k_1(k_2-6)(k_2-8)(k_1+k_2-2)}, \quad k \geq 9$

モーメント母関数: $\quad$ 存在しない

特性関数: $\quad \dfrac{G(k_1, k_2, t)}{B(k_1/2, k_2/2)}, \quad B(\cdot, \cdot):$ ベータ関数

ただし,G は次のように定義される関数

$(m+n-2)G(m, n, t) = (m-2)G(m-2, n, t) + 2itG(m, n-2, t), \quad m, n \geq 3$

$mG(m, n, t) = (n-2)G(m+2, n-2, t) - 2itG(m+2, n-2, t), \quad n \geq 5$

$nG(2, n, t) = 2 + 2itG(2, n-2, t), \quad n \geq 3$

なお,$t \sim t(k)$ の場合,t^2 は自由度 $(1, k)$ の F 分布 $F(1, k)$ に従います.

Excel には,F 分布の確率密度関数,累積分布関数を計算する関数として FDIST,累積分布関数の逆関数を計算する関数として,FINV が用意されていますが,これらの使い方については,後ほど詳しく説明します.

c. 分散の比の分布と検定

ここで,

ⅰ) $\dfrac{\sum(X_i-\bar{X})^2}{\sigma_1^2} \sim \chi^2(m-1)$

ⅱ) $\dfrac{\sum(Y_i-\bar{Y})^2}{\sigma_2^2} \sim \chi^2(n-1)$

iii) $\sum(X_i-\bar{X})^2$ と $\sum(Y_i-\bar{Y})^2$ は独立

となります．したがって，

$$(9.7) \quad F = \bar{Y}\frac{\sum(X_i-\bar{X})^2/\{\sigma_1^2(n_1-1)\}}{\sum(Y_i-\bar{Y})^2/\{\sigma_2^2(n_2-1)\}} = \frac{s_1^2}{s_2^2}\frac{\sigma_2^2}{\sigma_1^2}$$

は，自由度が $(m-1, n-1)$ の F 分布，$F(m-1, n-1)$ に従います．帰無仮説のもとでは，$\sigma_1^2 = \sigma_2^2$ ですので，

$$(9.8) \quad F = \frac{s_1^2}{s_2^2}$$

が，$F(m-1, n-1)$ に従います．したがって，検定は，F の値と自由度 $(m-1, n-1)$ の F 分布のパーセント点 $F_{\alpha/2}(m-1, n-1)$, $F_{1-\alpha/2}(m-1, n-1)$, $F_\alpha(m-1, n-1)$ などとを比較して

　i) 両側検定では，$F < F_{1-\alpha/2}(m-1, n-1)$, $F > F_{\alpha/2}(m-1, n-1)$ の場合，帰無仮説を棄却し，それ以外は採択する．

　ii) $H_1 : \sigma_1^2 > \sigma_2^2$ では，$F > F_\alpha(m-1, n-1)$ の場合，帰無仮説を棄却し，それ以外は採択する，

　iii) $H_1 : \sigma_1^2 < \sigma_2^2$ では，$F < F_{1-\alpha}(m-1, n-1)$ の場合，帰無仮説を棄却し，それ以外は採択する，

ことになります．

分散比の F 検定においても，p 値を考えることができます．片側の p 値は，$H_1 : \sigma_1^2 > \sigma_2^2$ の場合，$F(m-1, n-1)$ において F の値より大きくなる確率となります．$H_1 : \sigma_1^2 < \sigma_2^2$ の場合は，F の値より小さくなる確率となります．χ^2 分布と同様，F 分布は原点に対して対称でありません．$F(m-1, n-1)$ の分布関数を G とすると，両側の p 値は，

　i) $F < 1/2$ の場合，$2G(F)$

　ii) $F \geq 1/2$ の場合，$2\{1-G(F)\}$

から求めます．平均の場合と同様，p 値と α を比較する（p 値 $< \alpha$ の場合，帰無仮説を棄却する）ことによって，検定を行うこともできます．

9.2　3つ以上の母集団の同一性の検定と一元配置分散分析

s 個の正規母集団があり，それぞれ，$N(\mu_1, \sigma^2)$, $N(\mu_2, \sigma^2)$, $\cdots$, $N(\mu_s, \sigma^2)$ に従っているとします．前節では，2つの正規母集団の比較について学習しました

が，3つ以上の母集団の平均には分散分析 (analysis of variance, ANOVA と略されます) が使われます．母集団の平均が異なる原因として，母集団の特性を表す要因 A があり，それが母集団ごとに $A_1, A_2, \cdots, A_s$ の s 個の異なったカテゴリーに分かれている場合があります．たとえば，ある一定の条件を設定して，実験や観察を行う場合などです．結果に影響を与えると考えられる要因は因子 (factor)，因子のカテゴリーは水準 (level) と呼ばれます．因子の数が1つの場合を一元配置 (one-way layout)，複数の場合を多元配置と呼びます．ここでは，一元配置分散分析について説明します．

9.2.1 一元配置のモデル

いま，要因 A の水準を $A_1, A_2, \cdots, A_s$ とし，各水準で $n_1, n_2, \cdots, n_s$ 個の観測値があったとします．水準 i における j 番目の結果を Y_{ij} とします．水準によって平均だけが異なり，分散は一定であるとし，Y_{ij} は $N(\mu_i, \sigma^2)$ に従うとします．(正確には μ_i は Y_{ij} の期待値，または水準 i における母平均ですが，ここでは煩雑さを避けるため一般の表記方法に従い，ただ単に平均と呼ぶことにします.)
観測値の総数を $n=\sum_{i=1}^{s} n_i$ とし，観測値の数で重みをつけた加重平均を

$$(9.9) \qquad \mu = \sum_{i=1}^{s} \frac{n_i \mu_i}{n}$$

とします．μ は一般平均 (grand mean) と呼ばれます．また，

$$(9.10) \qquad \delta_i = \mu_i - \mu$$

を水準 A_i の効果 (effect) と呼びます．$\sum n_i \delta_i = 0$ となることに注意してください．

9.2.2 分散分析

次に，一元配置のモデルを分散分析によって検定してみます．帰無仮説は「すべての水準で平均が等しく，水準による効果が0である」で，

$$H_0: \mu_1 = \mu_2 = \cdots = \mu_s = \mu \quad \text{または} \quad H_0: \delta_1 = \delta_2 = \cdots = \delta_s = 0$$

です．(対立仮説は「平均が一般平均と等しくなく，効果が0でない水準が存在する」です.)

いま，μ をすべての観測値を使った標本平均

$$(9.11) \qquad \bar{Y}_{..} = \sum_{i=1}^{s} \sum_{j=1}^{t} \frac{Y_{ij}}{n}$$

で推定し，μ_i を各水準ごとの標本平均

$$(9.12) \quad \bar{Y}_{i\cdot} = \sum_{j=1}^{n_i} \frac{Y_{ij}}{n_i}$$

で推定します. $\bar{Y}..$, $\bar{Y}_{i\cdot}$ からの偏差の二乗和を

$$(9.13) \quad \begin{aligned} S_t &= \sum_{i=1}^{s}\sum_{j=1}^{t}(Y_{ij}-\bar{Y}..)^2 \\ S_e &= \sum_{i=1}^{s}\sum_{j=1}^{t}(Y_{ij}-\bar{Y}_{i\cdot})^2 = \sum_{i=1}^{s}n_i(Y_{ij}-\bar{Y}_{i\cdot})^2 \end{aligned}$$

とします. S_t, S_e は, 総変動, 級内変動と呼ばれ, S_e/σ^2 は自由度 $v_e = n-s$ の χ^2 分布に従います.

ここで,

$$(9.14) \quad S_a = S_t - S_e = \sum_{i=1}^{s} n_i (\bar{Y}_{i\cdot} - \bar{Y}..)^2$$

は級間変動と呼ばれます. 帰無仮説が正しければ, すべての i に対して $\bar{Y}_{i\cdot} \approx \bar{Y}..$ となるはずですので, S_a はあまり大きな値とはならないはずです. 詳細は省略しますが, この場合, S_a/σ^2 は S_e と独立で, 自由度 $v_a = s-1$ の χ^2 分布に従います.

したがって, 帰無仮説のもとでは,

$$(9.15) \quad F = \frac{S_a/v_a}{S_e/v_e}$$

は自由度 (v_a, v_e) の F 分布, $F(v_a, v_e)$ に従うことになります. この関係を用いて, F と有意水準 a の F 分布のパーセント点 $F_a(v_a, v_b)$ を比較して, $F > F_a(v_a, v_e)$ の場合帰無仮説を棄却し, それ以外は採択する F 検定を行うことができます. この検定は分散分析検定と呼ばれています.

分散分析検定では, 棄却域は常に分布の右側の領域であり, (分散比の検定の場合と異なり) 0 の近傍で帰無仮説が棄却されることはありません. $F=0$ の場合は, $S_a = \sum_{i=1}^{s} n_i(\bar{Y}_{i\cdot} - \bar{Y}..)^2 = 0 \Leftrightarrow \bar{Y}_{1\cdot} = \bar{Y}_{2\cdot} = \cdots = \bar{Y}_{s\cdot} = \bar{Y}..$ ですので, すべての階級において平均が等しくなり, 帰無仮説が誤りと考える理由は, まったくないことになります. したがって, p 値は自由度 (v_a, v_e) の F 分布 $F(v_a, v_e)$ において F より大きくなる確率となります. (両側の p 値を考える必要はありません.)

$s=2$ の場合, 前節の 2 標本検定で計算した (分散が等しいと仮定した) t は, $t^2 = F$ となり, 分散分析検定の結果は両側検定の結果と一致します. 分散分析検定では片側検定を行うことができませんので, 2 標本検定の場合は, 分散分析検定でなく前節で説明した t 検定を使うようにしてください.

9.3 ExcelによるF分布を使った分析

9.3.1 F 分 布

Excelを起動してください．ExcelでF分布の分布関数を求める関数はFDISTで，

FDIST(x, 分子の自由度 k_1, 分母の自由度 k_2)

として使用します．ただし，FDISTもχ^2分布と同様，図9.1のようにxより大きい上側の確率を計算しますので，分布関数は，1−FDIST(x, 分子の自由度 k_1, 分母の自由度 k_2)で計算します．密度関数を求める関数はありませんので，定義式から計算します．自由度(3, 7)のF分布の確率密度関数，累積分布関数を求めてみましょう．A1に**F分布**，A3に**自由度分子k1**，A4に**自由度分母k2**，B3に**3**，B4に**7**と入力してください（図9.2）．xの値として，0から10まで0.1の間隔で計算を行ってみます．A6に**x**と入力してください．A7に**0**と入力し，10まで0.1ごとに数字を埋め込んでください．

次に，確率密度関数$f(x)$の値を求めます．C3に**定数部分分子**，C4に**定数部分分母**と入力してください．D3に **=EXP(GAMMALN((B3+B4)/2))*B3^(B3/2)*B4^(B4/2)**，D4に **=EXP(GAMMALN(B3/2))*EXP(GAMMALN(B4/2))** と入力して，$\Gamma((k_1+k_2)/2)k_1^{k_1/2}k_2^{k_2/2}/\Gamma(k_1/2)\Gamma(k_2/2)$の分子，分母を計算します．（複雑な計算では，このようにいくつかのセルに分けて計算を行います．）B6に**f(x)**，B7に **=$D$3/$D$4*A7^($B$3/2−1)*($B$4+$B$3*A7)^(−($B$3+$B$4)/2)** と入力し，B7をすべての範囲に複写します．最後に累積分布関数$F(x)$を計算します．C6に**F(x)**と入力します．C7に **=1−FDIST**

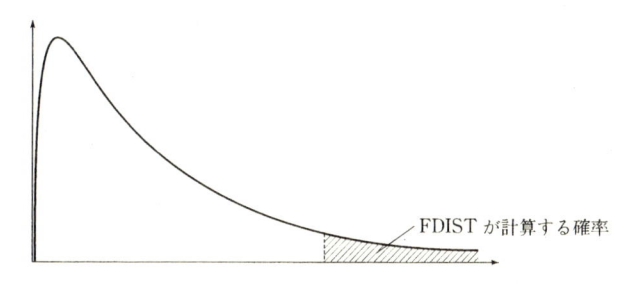

図9.1 FDISTは，xより大きい上側の確率を求めるので，分布関数は，1−FDIST(x, 分子の自由度 k_1, 分母の自由度 k_2)で計算する．

9. 異なった母集団の同一性の検定と F 分布

	A	B	C	D
1	F分布			
2				
3	自由度分子k1	3	定数部分分子	113171.289
4	自由度分母k2	7	定数部分分母	2.94524311
5				
6		x	f(x)	F(x)
7		0	0	0
8		0.1	0.586139	0.04252932
9		0.2	0.677738	0.106832044
10		0.3	0.683975	0.175341366
11		0.4	0.655505	0.242497528
12		0.5	0.612358	0.305963612
13		0.6	0.563998	0.364800224

図 9.2 F 分布の確率密度関数,累積分布関数を計算する.

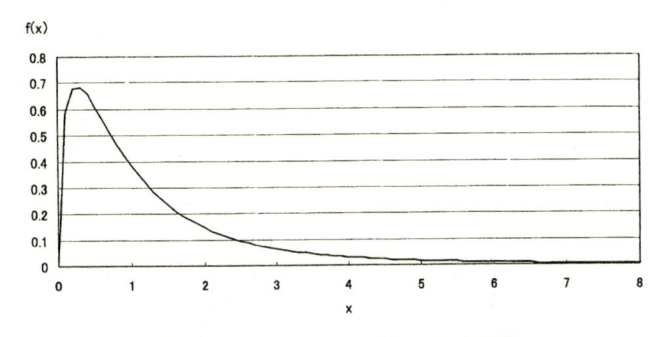

図 9.3 F 分布 (自由度 (3, 7)) の確率密度関数

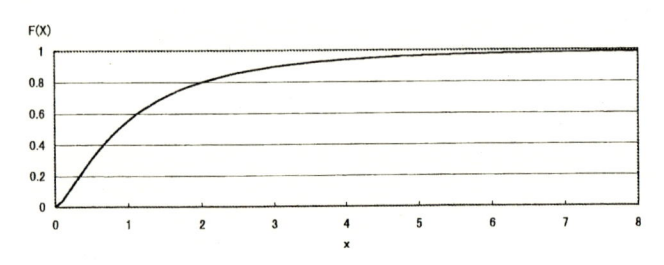

図 9.4 F 分布 (自由度 (3, 7)) の分布関数

(A7, \$B\$3, \$B\$4) と入力し,これをすべての範囲に複写して累積分布関数の値を求めてください.確率密度関数,累積布関数をグラフにしてください (図 9.3, 9.4).

期待値 μ,分散 σ^2 を求めますので,E3 に **期待値**,E4 に **分散** と入力します (図

9.3 ExcelによるF分布を使った分析

	E	F	G	H	I	J
3	期待値	1.166667	25%分位点	0.411484	モード	0.259259
4	分散	3.484444	中央値	0.870944		
5			75%分位点	1.716929		

図9.5 期待値 μ, 分散 σ^2, 25%分位点 $x_{25\%}$, 中央値 x_m, 75%分位点 $x_{75\%}$, モード x_0 を求める.

9.5). F3 に =**B4/(B4−1)**, F4 に =**2*B4^2*(B3+B4−2)/(B3*(B4−2)^2*(B4−4))** と入力して, $\mu=1.1667$, $\sigma^2=3.4844$ を求めてください. 次に, 25%分位点 $x_{25\%}$, 中央値 x_m, 75%分位点 $x_{75\%}$ を計算してみます. 分布関数の逆関数を求める関数は, FINV です. CHINV と同様, FINV は上側の確率に対応するパーセント点を計算します. G3 から G5 に **25%分位点, 中央値, 75%分位点** と入力してください. H3 から H5 に =**FINV(0.75, $B$3, $B$4)**, =**FINV(0.5, $B$3, $B$4)**, =**FINV(0.25, $B$3, $B$4)** と入力して各分位点を求めてください. (α の分位点を計算するには FINV($1-\alpha$, $k1$, $k2$) とします.) 最後にモード x_0 を求めます. I3 に **モード**, J3 に =**B4*(B3−2)/(B3*(B4+2))** と入力して, $x_0=0.2593$ を求めてください.

9.3.2 2標本検定

薬の副作用を調べるため, 18匹のマウスを2グループに分け, グループ1の10匹に薬を与え, 比較のためのグループ2の8匹には薬を与えないで飼育したところ, マウスの体重が次のようになったとします. (これは, 説明のために乱数を使って作成したものです.)

グループ1	グループ2
26.18	25.84
24.10	27.61
26.11	27.77
27.13	24.06
25.51	26.69
26.87	25.81
25.72	28.11
26.25	24.69
25.45	
27.31	

Excel を起動し, A1 に **2標本検定**, A3 に **グループ1**, B3 に **グループ2**, A4 から A13 までにグループ1のデータ, B4 から B11 にグループ2のデータを入力してください (図 9.6). グループ1のデータ範囲 (A4:A13) に **グループ1**,

	A	B
1	2標本検定	
2		
3	グループ1	グループ2
4	26.18	25.84
5	24.10	27.61
6	26.11	27.77
7	27.13	24.06
8	25.51	26.69
9	26.87	25.81
10	25.72	26.11
11	26.25	24.69
12	25.45	
13	27.31	
14		

図9.6 データを入力する.

グループ2のデータ範囲 (B4:B11) に**グループ2**と名前をつけておいてください.

a. $\sigma_1^2=\sigma_2^2=\sigma^2$ の場合の母平均の検定

まず, $\sigma_1^2=\sigma_2^2=\sigma^2$ とした場合の母平均の検定を行ってみます. 薬の副作用を調べますので, 帰無仮説, 対立仮説は

$$H_0 : \mu_1=\mu_2, \qquad H_1 : \mu_1<\mu_2$$

となります. 有意水準を5%とします.

メニューバーから [ツール(T)] → [分析ツール(D)] を選択します. 「データ分析」のボックスが現れますので, [t検定:等分散を仮定した2標本による検定] を選択し, [OK] をクリックします (図9.7). 「t検定:等分散を仮定した2標本による検定」のボックスが現れますので, 「変数1の入力範囲(1)」に**グループ1**, 「変数2の入力範囲(2)」に**グループ2**と入力してください (図9.8). 有意水準は5%ですので, 「α(A)」の値は0.05のままとします. 最後に「出力オプション」の [出力先(O)] をクリックし, 出力先として**D1**を指定します. 準備ができましたので [OK] をクリックすると, 分析結果がD1を先頭とする範囲に出力されます (図9.9).

各グループでの標本平均, 分散, 観測数, プールされた分散, 仮説平均との差, 自由度 $m+n-2$, 検定統計量 t の値, 片側の p 値 (「P(T<t) 片側」, 以下, 括弧内はExcelでの表示です), 片側検定のパーセント点 $t_\alpha(m+n-2)$ (「t境界値片側」), 両側の p 値 (「P(T<t) 両側」), 両側検定のパーセント点 $t_{\alpha/2}(m+n-2)$ (「t境界値両側」) が計算されて出力されます. (この場合, 「仮説平均との差

9.3 Excel による F 分布を使った分析

図9.7 [ツール(T)] → [分析ツール(D)] を選択する.「データ分析」のボックスが現れるので,「t検定:等分散を仮定した2標本による検低」を選択し, [OK] をクリックする.

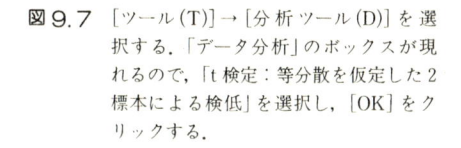

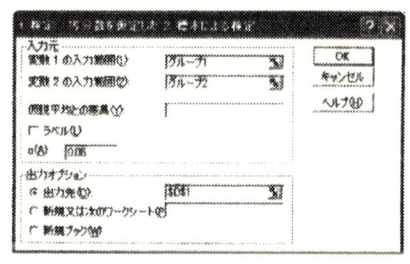

図9.8 「t検定:等分散を仮定した2標本による検定」のボックスが現れるので,「変数1の入力範囲(1)」に**グループ1**,「変数2の入力範囲(2)」に**グループ2**と入力する.「α(A)」の値は0.05のままとする.「出力オプション」の [出力先(O)] をクリックし, 出力先として **D1** を指定する.

	D	E	F
1	t-検定:等分散を仮定した2標本による検定		
2			
3		変数 1	変数 2
4	平均	26.063	26.3225
5	分散	0.894246	2.19465
6	観測数	10	8
7	プールされた分散	1.463173	
8	仮説平均との差異	0	
9	自由度	16	
10	t	−0.45227	
11	P(T<=t) 片側	0.328573	
12	t 境界値 片側	1.745884	
13	P(T<=t) 両側	0.657146	
14	t 境界値 両側	2.119905	
15			

図9.9 「t-検定:等分散を仮定した2標本による検定」の出力結果

異」は必要ありませんので無視してください.)

$t = -0.452 > -t_\alpha(m+n-2) = 1.745$ ですので, 帰無仮説は有意水準 5% で棄却されず(採択され), 副作用があるとはいえないことになります.

b. $\sigma_1^2 \neq \sigma_2^2$ の場合の母平均の検定

$\sigma_1^2 \neq \sigma_2^2$ として, 母平均の検定を行ってみます. 前と同様, 帰無仮説, 対立仮説は

$$H_0: \mu_1 = \mu_2, \quad H_1: \mu_1 < \mu_2$$

となり, 有意水準は 5% とします.

メニューバーから [ツール(T)] → [分析ツール(D)] を選択し，「データ分析」のボックスから [t 検定：分散が等しくないと仮定した 2 標本による検定] を選択し，[OK] をクリックします (図 9.10).「t 検定：分散が等しくないと仮定した 2 標本による検定」のボックスが現れますので，前と同様，「変数 1 の入力範囲 (1)」に**グループ 1**,「変数 2 の入力範囲 (2)」に**グループ 2** と入力します．出力先として **D17** を指定します (図 9.11). 準備ができましたので [OK] をクリックすると，分析結果が D17 を先頭とする範囲に出力されます (図 9.12).

各グループでの標本平均，分散，観測数，仮説平均との差，公式によって計算された自由度 v^*，検定統計量 t の値，片側の p 値，片側検定のパーセント点 $t_\alpha(v^*)$，両側の p 値，両側検定のパーセント点 $t_{\alpha/2}(v^*)$ が計算されて出力されます．これらの Excel での表示は，「等分散を仮定した 2 標本による検定」と同じです．$v^*=11$ となり，$t=-0.430>t_\alpha(v^*)=1.796$ ですので，等分散を仮定した

図 9.10　メニューバーから [ツール(T)] → [分析ツール(D)] を選択し，「データ分析」のボックスから「t 検定：分散が等しくないと仮定した 2 標本による検定」を選択し，[OK] をクリックする．

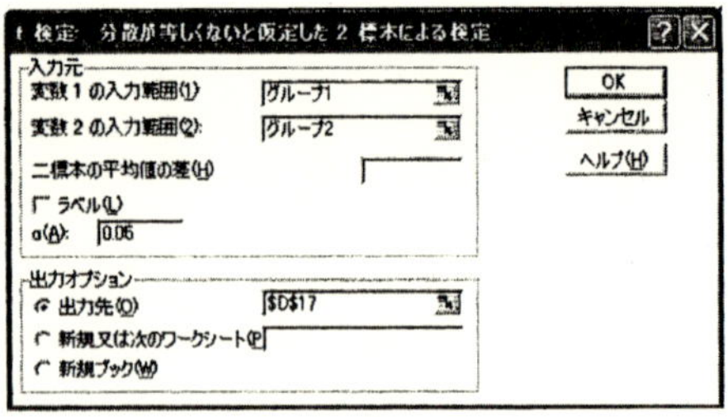

図 9.11　「変数 1 の入力範囲 (1)」に**グループ 1**,「変数 2 の入力範囲 (2)」に**グループ 2** と入力する．出力先として **D17** を指定する．

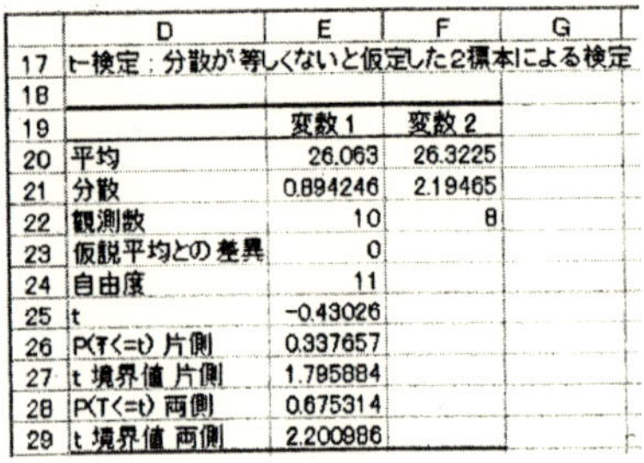

	D	E	F	G
17	t-検定: 分散が等しくないと仮定した2標本による検定			
18				
19		変数 1	変数 2	
20	平均	26.063	26.3225	
21	分散	0.894246	2.19465	
22	観測数	10	8	
23	仮説平均との差異	0		
24	自由度	11		
25	t	-0.43026		
26	P(T<=t) 片側	0.337657		
27	t 境界値 片側	1.795884		
28	P(T<=t) 両側	0.675314		
29	t 境界値 両側	2.200986		

図 9.12　「t -検定：分散が等しくないと仮定した 2 標本による検定」の出力結果

場合と同様に帰無仮説は棄却されないことになります．

C. 母分散の比の検定

母分散に関する検定を行ってみます．この場合は特にどちらのグループの分散が大きいといった事前の情報や予測はありませんので，帰無仮説・対立仮説は

$$H_0 : \sigma_1^2 = \sigma_2^2, \quad H_1 : \sigma_1^2 \neq \sigma_2^2$$

で両側検定となります．有意水準は5%とします．

メニューバーから[ツール(T)]→[分析ツール(D)]を選択し，「データ分析」のボックスから[F検定：2標本を使った分散の検定]を選択し，[OK]をクリックします(図9.13)．「F検定：2標本を使った分散の検定」のボックスが現れますので，「変数1の入力範囲(1)」に**グループ1**，「変数2の入力範囲(2)」に**グループ2**と入力してください．「α(A)」の値が0.05になっていることを確認してください(図9.14)．出力先としてI1を指定します．準備ができましたので[OK]をクリックすると，分析結果がI1を先頭とする範囲に出力されます(図9.15)．

Office XPのExcel 2002では，各グループでの標本平均，分散，観測数，自由度($m-1, n-1$)，2つの分散の比である検定統計量Fの値(「観測された分散比」)，「P(F<f)両側」，「F境界値両側」が出力されます．しかしながら，「P(F<f)両側」は片側のp値，「F境界値両側」は片側検定のパーセント点$F_\alpha(m-1, n-1)$の値です．(これはExcelの誤りです．)いずれにしろ，両側検定に必要な$F_{1-\alpha/2}(m-1, n-1), F_{\alpha/2}(m-1, n-1)$が出力されませんので，これをFINVを使って計算します．I13, I14に**下側パーセント点**，**上側パーセント点**と入力し，J13, J14に**=FINV(97.5%, 9, 7)**，**=FINV(2.5%, 9, 7)**と入力してください．$F_{1-\alpha/2}(m-1, n-1)=0.2383<F=0.4075<F_{\alpha/2}(m-1, n-1)=4.8232$ですので，帰無仮説は有意水準5%で棄却されない(採択される)ことになります．両側のp値を計算しますので，I15に**p値(両側)**，J15に**=2*(1-FDIST(J8, 9, 7))**と入力して，両側のp値0.2099を計算してください．

すでに学習したように，母分散が等しいかどうかによって母平均の検定方法が異なります．ここでは演習のため，母分散が等しい場合，等しくない場合の両方について検定を行いましたが，実際のデータ分析では，まず，有意水準を5%程度として母分散の検定を行って，その結果によって母平均の検定方法を選ぶようにしてください．

図9.13 ［ツール(T)］→［分析ツール(D)］を選択し，「データ分析」のボックスから「F検定：2標本を使った分散の検定」を選択し，［OK］をクリックする．

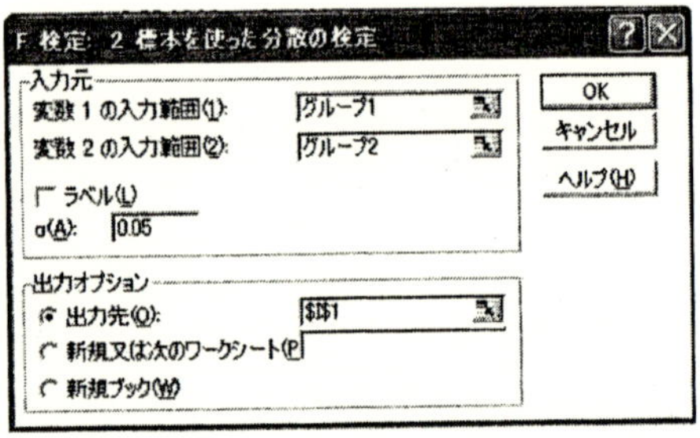

図9.14 「変数1の入力範囲(1)」にグループ1，「変数2の入力範囲(2)」にグループ2と入力する．「α(A)」の値が0.05になっていることを確認し，出力先としてI1を指定する．

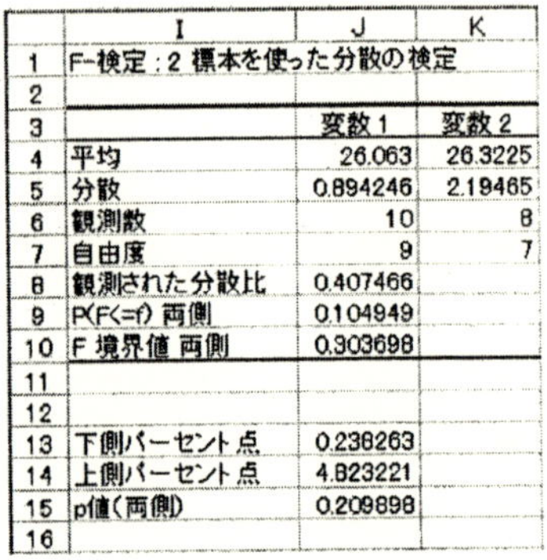

図9.15 「F-検定：2標本を使った分散の検定」の結果が出力されるが，両側検定に必要な $F_{1-\alpha/2}(m-1, n-1)$，$F_{\alpha/2}(m-1, n-1)$ が出力されないので，FINVを使って計算する．

	I	J	K
1	F-検定：2標本を使った分散の検定		
2			
3		変数1	変数2
4	平均	26.063	26.3225
5	分散	0.894246	2.19465
6	観測数	10	8
7	自由度	9	7
8	観測された分散比	0.407466	
9	P(F<=f) 両側	0.104949	
10	F 境界値 両側	0.303698	
11			
12			
13	下側パーセント点	0.238263	
14	上側パーセント点	4.823221	
15	p値（両側）	0.209898	
16			

9.3.3 Excelによる一元配置分散分析

40度から55度まで，5度ごとに温度を変えて実験を行い，原料100 g当たりの有効成分の生成量(g)を測定したところ，次のデータが得られたとします．(これは，説明のために乱数を使って作成したものです．)．

40度	45度	50度	55度
20.2	18.9	20.7	18.2
19.8	20.8	20.2	18.4
21.1	19.0	23.8	18.9
20.1	21.0	23.0	19.2
20.9	20.7		20.3
	21.4		

9.3 ExcelによるF分布を使った分析

反応温度が有効成分の生成量に影響を与えているかどうかを検定してみます。ワークシートを新しくしてください。A1に**一元配置分散分析**，A3からD3までに**40度，45度，50度，55度**，A4からD9までに各データの値を入力してください（図9.16）。（データのない部分はかならず空白のセルとしてください。）一元配置分散分析を行うには，データが連続した列にある必要があります。

有意水準を5%として，分散分析を行います。メニューバーから[ツール(T)] → [分析ツール(D)]を選択し，ボックスから[分散分析：一元配置]をクリックして選びます（図9.17）。「分散分析：一元配置」のボックスが現れますので，「入力範囲(W)」に**A4:D9**を指定します。「α(A)」の値が0.05であることを確認し，「出力オプション」の[出力先(O)]をクリックして出力先として**A12**を指定します（図9.18）。準備が完了しましたので，[OK]をクリックすると，分散分析の結果がA12を先頭とする範囲に出力されます（図9.19）。（データは，行または列の長い方向にとられますので，水準の数 s が水準内のデータ数の最大値より大きい場合は，データの方向を変更してください。）

分析結果として，各グループの概要，分散分析表が出力されます。分散分析表の結果から，級間変動（「変動要因」の「グループ間」，以下，括弧内はExcelでの表示）S_a=19.067，級内変動（「変動要因」の「グループ内」）S_e=18.876，自由度 v_a=3, v_e=16，検定統計量（「観測された分散比」）F=5.387，F分布のパーセント点（「F境界値」）$F_a(v_a, v_e)$=3.239 となります。この結果 $F > F_a(v_a, v_e)$ となり，帰無仮説は棄却され，反応温度は有効成分の生成量に影響していることが認められます。また，p値は「P-値」で与えられており，この場合は 0.009346 = 0.935% となっています。（この値は，=FDIST(E24,3,16) として得られる値と

	A	B	C	D
1	一元配置分散分析			
2				
3	40度	45度	50度	55度
4	20.2	18.9	20.7	18.2
5	19.8	20.8	20.2	18.4
6	21.1	19.0	23.8	18.9
7	20.1	21.0	23.0	19.2
8	20.9	20.7		20.3
9		21.4		
10				

図9.16 データを入力する．

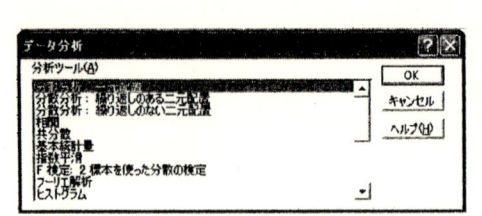

図9.17 メニューバーから［ツール(T)］→［分析ツール(D)］を選択し，ボックスから［分散分析：一元配置］を選択する．

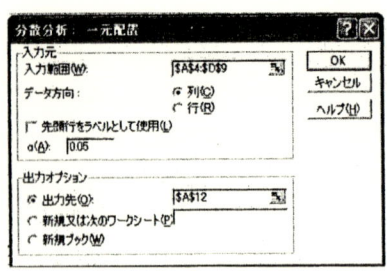

図9.18 「入力範囲(W)」に A4：D9 を指定する．「α(A)」の値が0.05であることを確認し，「出力オプション」の［出力先(O)］をクリックして出力先として A12 を指定する．

	A	B	C	D	E	F	G
12	分散分析：一元配置						
13							
14	概要						
15	グループ	標本数	合計	平均	分散		
16	列1	5	102.1	20.42	0.307		
17	列2	6	121.8	20.3	1.152		
18	列3	4	87.7	21.925	3.049166667		
19	列4	5	95	19	0.685		
20							
21							
22	分散分析表						
23	変動要因	変動	自由度	分散	観測された分散比	P-値	F 境界値
24	グループ間	19.0665	3	6.3555	5.387300999	0.008346	3.238867
25	グループ内	18.8755	16	1.179719			
26							
27	合計	37.942	19				

図9.19 ［分散分析：一元配置］の出力結果

等しくなっていますので，確認してください．）

9.4 演習問題

1. 自由度 $(3,5), (5,10), (20,20)$ の F 分布の確率密度関数，累積分布関数をグラフに書いてください．また，$1, 5, 10, 20, 30, 40, 50, 60, 70, 80, 90, 95, 99\%$ のパーセント点を求めてください．

2. 次のデータが与えられたとします.

グループ1	グループ2
12.2	9.7
12.5	9.4
12.7	11.7
11.7	12.4
12.5	11.7
11.2	12.8
10.0	11.5
11.7	12.0
12.8	12.8
	9.1

以下の検定を行ってください.

ⅰ) 「2つのグループの母平均が等しい」という帰無仮説を,対立仮説を「2つのグループの母平均が等しくない」として,① 母分散が等しい場合,② 母分散が等しくない場合,について1%の有意水準で検定してください.

ⅱ) 「2つの母分散が等しい」という帰無仮説を,対立仮説を「母分散が等しくない」として5%の有意水準で検定してください.

3. 反応温度ごとの製品100g中の有効成分の量(g)は次のとおりであるとします.反応温度が有効成分の量に影響するかどうかを一元配置分散分析を使って,1%の有意水準で検定してください.

反応温度

40度	45度	50度	55度
12.5	10.5	12.9	10.7
12.7	13.6	11.7	13.6
11.5	13.3	11.6	11.3
10.7	12.7	13.6	14.7
11.5	9.5	14.1	12.9
14.4	12.1		10.6
	11.7		11.8
			13.0

参 考 文 献

- 梅垣壽春・大矢雅則・塚田真著,「可測・積分・確率」, 共立出版, 1987.
- 工藤昭夫・上村秀樹著,「統計数学」, 共立数学講座 5, 共立出版, 1983.
- 佐藤次男・中村理一郎著, 戸川隼人・永坂秀子著,「よくわかる数値計算-アルゴリズムと誤差解析の実際」, 日刊工業新聞社, 2001.
- 東京大学教養学部統計学教室編,「統計学入門」, 東京大学出版会, 1991.
- 東京大学教養学部統計学教室編,「自然科学の統計学」, 東京大学出版会, 1992.
- 縄田和満著,「Excel による回帰分析入門」, 朝倉書店, 1998.
- 縄田和満著,「Excel による線形代数入門」, 朝倉書店, 1999.
- 縄田和満著,「Excel による統計入門(第 2 版)」, 朝倉書店, 2000.
- 縄田和満著,「Excel VBA による統計解析」, 朝倉書店, 2000.
- 縄田和満著,「Excel 統計解析ボックスによる統計分析」, 朝倉書店, 2001.
- 縄田和満著,「C による統計分析入門」, 東洋経済新報社, 2001.
- 蓑谷千凰彦著,「すぐに役立つ統計分布」, 東京図書, 1998.
- 蓑谷千凰彦著,「統計分布ハンドブック」, 朝倉書店, 朝倉書店, 2003.
- 宮沢政清著,「確率と確率過程」, 現代数学ゼミナール 17, 近代科学社, 1993.
- S. Kokoska and C. Nevison, Statistical Tables and Formulae, Springer-Verlag, 1980.

索引

あ行

アークタンジェント 46, 47
値複写 149
アドイン 87
アプリケーション・プログラム 98
一元配置 159
　　──のモデル 159
一元配置分散 154
一元配置分散分析 159, 169
一様分布 29, 33, 86
一様乱数 86, 88
一致推定量 132
一般平均 159
因子 159
　　──の数が1つの場合 159
　　──のカテゴリー 159

ウェルチの検定 154

Ω 109
　　──の部分集合の集まり 109

か行

階級 89
　　──の度数 89
階級値 89
χ^2(カイ二乗)分布 129, 132, 136, 142
　　──の比の分布 156
　　──を使った演習 142
概収束 113, 119
　　──の例 115
階乗 12, 30
確率 1
　　──の公理に基づく定義 4
確率関数 17, 18, 19, 22, 111
　　──の計算 19
確率空間 109, 111

確率収束 114, 119, 123
　　──に関する定理 117
　　──の例 115
確率測度 111
確率的な誤差の範囲内 138
確率分布 1, 16
　　n次元の── 70
　　多次元の── 64
　　2次元の── 64
　　──の特徴 17
確率変数 1, 16, 27, 109, 111
　　──の一方が定数に収束する場合の収束 118
　　──の線形和の期待値, 分散 73
　　──の変換 53
　　──の変数変換(n次元の) 76
　　──の変数変換(2次元の) 74
　　──の列 113
　　──の和の期待値, 分散 70, 72, 78
　　──の和の分布 68
確率母関数 61
確率密度関数 28
　　変換された変数の── 53
　　──の計算 30, 40
下限信頼限界 136, 148
可算個 4
　　──の標本点 110
加重平均 159
仮説検定 137
仮説を棄却 138
可測 1, 16, 112
可測関数 112
可測空間 109, 110
片側検定 138, 139, 151
　　──のパーセント 167
　　──のパーセント点 166
片側のp値 141, 152, 166, 167
加法定理 4

ガンマ関数 34
ガンマ分布 26, 29, 56, 57, 62, 69
ガンマ乱数 94, 105

幾何分布 25
棄却 138
棄却域 140
棄却回数 150, 153
危険度関数 43
記述統計 129
疑似乱数 86
期待値 17, 131
期待値まわりのモーメント 55
帰無仮説 138
　　──が棄却される場合 151
　　──の棄却域 139
逆関数 28
逆写像 112
逆変換法 93, 103
　　──による乱数の発生 93
級間変動 160, 169
級内変動 160, 169
キュミュラント母関数 59
共分散 65
強法則 119
行列 74
行列計算の関数 78
行列式 75, 82
虚数単位 60

空事象 2
区間推定 131, 136
　　母平均と母分散の── 146
区間の幅 53
組み合わせの数 13

経験確率 7
　　──に基づく確率の定義 7
検定統計量 139, 150, 166, 169
　　──の値 167
原点まわりのモーメント 54,

55

効果 159
高次のモーメント 53
　分布ごとの―― 55
公理に基づく確率論 7
誤差 6, 138
　――の許容範囲 6
コーシー分布 29, 46, 57, 62, 134
　――には期待値，分散が存在しない 97
　――の確率密度関数，累積分布関数 46
　――の逆関数 96
コーシー乱数 96, 105
ゴセット，ウイリアム 135
古典確率論 6
コードの説明 101, 104, 106, 108
コルモゴロフ 4
根元事象 2, 5

さ行

最小値 125
再生性 84, 133
再生的 69
最大値 125
採択 138
最頻値 17
三角分布 52

σ-集合体 109
　Ω 上の―― 110
試行回数 7
事後確率 11
事象 1
　――の間の関係 2
指数型分布族 51
指数分布 29, 30, 43, 105
指数乱数 105
事前確率 11
実数の集合 110
四分位点 126
シミュレーション 86
弱収束 115
弱法則 119
収束 109
　確率1で―― 113
　――の定義 113
収束間の関係 115
集中度 57
自由度 142, 154, 166, 169
十分統計量 51

周辺確率 66
周辺確率分布 66
周辺分布 71
終了して Excel へ戻る 100
順列の数 12
　――の計算 13
上限信頼限界 136, 148
条件付確率 8, 10, 66
条件付確率関数 66
条件付確率分布 66
条件付確率密度関数 66
条件付期待値 67
条件付分散 67
条件付分布 71
小数の法則 105
乗法定理 8
シンプソン公式 33
信頼区間 136
　――の推定 136
信頼係数 136, 137, 146

水準 159
推定 130
推定量 130, 131
裾の厚さ 57
スチューデントの t 分布 135

生起回数 7
正規分布 29, 37, 54, 56, 58, 62, 69, 129
　――に従う乱数 146
　――の確率密度関数 37
　――の逆関数を計算する関数 103
正規母集団 130, 136
　――の比較 158
　――の母平均 138
正規乱数 86, 90, 103, 147
整数タイプ 102
生存確率 29
積事象 2
積率母関数 58
漸近的 124
漸近分布 124
漸近理論 109
線形和 73
先験的確率 7
全事象 2
全数調査 130
尖度 57

相関係数 65
　独立の場合の―― 68
相対度数 89, 91

総変動 160

た行

第一種の誤り 138
台形公式 33
対数正規分布 29, 40, 54, 56, 58
大数の強法則 119
大数の弱法則 119
大数の法則 119, 124
　――と中心極限定理のシミュレーション 124
第二種の誤り 138
代表値 17
対立仮説 138
多元配置 159
多項分布 76, 84
多次元正規分布 76
たたみこみ 69
多変量正規分布 76
　――の同時確率密度関数 82
単純無作為抽出 130
単純ランダムサンプリング 130
単精度浮動小数点タイプ 102
単調増加関数 17

チェビシェフの不等式 117, 132
中央値 17, 125
中心極限定理 119, 120, 126
　独立同一分布の場合の―― 122
　――の精度 124
散らばりの尺度 17

ツール 87, 99

データ分析 164, 166
点推定 131
転置ベクトル 80

同一分布でない場合 121
統計学的推測 129
統計量 51, 131
同時確率分布 64, 70, 74
同時確率密度関数 65, 71
　変換された変数の―― 75
同時分布関数 65, 71
同時累積分布関数 65
同等に起こりやすい 6
とがり具合 57
特性関数 53, 60, 69, 122
独立 9, 18, 66, 68, 71, 72, 134
　――の定義 9

索引

独立同一分布 120, 121
ド・モルガンの法則 3

な行

75%分位点 125
名前の定義 80

二項定数 13
二項定理 13
二項分布 19, 55, 57, 62, 69, 76
　——の期待値 20
二項乱数 86, 91
　——を発生させるプロシージャ 99
25%分位点 125
二重指数分布 48
2標本検定 154, 160, 163

は行

排反事象 2
パスカル分布 25
パーセント点 136
ばらつき 1, 130

ヒストグラム 89
　——の形状 127
左片側検定 140, 151
標準正規分布 37, 91, 134
　——の特性関数 61
　——の分布関数 124
　——のモーメント母関数 60
　——の累積分布関数 37
　——の累積分布関数の逆関数 104
標準偏差 18, 65, 125, 132
標準モジュール 100
標準ワイブル分布 43
標本 129
標本空間 1, 109
標本抽出 129
標本点 1
標本標準偏差 148
標本分散 131, 132, 149
標本分布 129
標本平均 131
　——からの偏差 132
　——の分散 132
　——の分布 135

不確実性 1, 130
不完全ベータ比 34
複合事象 2
複素積分に関するコーシーの定理 61

負の二項展開 25
負の二項分布 18, 25, 57, 62, 69, 107
　——に従う乱数 107
　——の確率関数 25
部分集合 109
不偏推定量 132
プロシージャ 98
　——のコード 101, 104, 105, 107
分位点 125
分散 18
　標本平均の—— 132
　——の区間推定 150
　——の比 156
　——の比の分布と検定 157
分散共分散行列 74
分散比のF検定 158
分散分析 159
分散分析：一元配置 169
分散分析検定 160
分散分析表 169
分析ツール 86, 87, 98, 164, 166, 169
　——による乱数の発生 86
分配法則 3, 11
分布関数 17, 53, 77, 124
分布収束 115
分布の裾が厚い 46
分布の非対称性 56

平均 17, 125
平均収束 114
ベイズの公式 12
ベイズの定理 10, 11
ベクトル 74
ベクトルと行列の積 81
ベータ関数 34
ベータ分布 29, 34, 56, 58
ベータ乱数 95, 105
ベリー・エシーンの不等式 124
ベルヌーイ試行 18, 103, 108
ベン図 2
変数の分布 71
変数のモーメント 54

ポアソンの小数の法則 22
ポアソン分布 18, 22, 26, 29, 55, 57, 62, 69
ポアソン乱数 86, 92, 105
法則収束 115
補事象 2

母集団 129
　——の推定，検定 129
　——の同一性の検定 154
　——の特性を表す要因 159
　——の平均(3つ以上の) 159
母数 130
ほとんど確実に収束する 113
母分散 130
　——が等しい 156
　——が等しいかどうか 167
　——が等しい場合 154
　——が等しくない場合 154
　——の区間推定 137, 149
　——の検定 141, 152, 168
　——の推定 149
　——の比の検定 154, 156, 167
母平均 130, 141
　——と母分散の区間推定 146
　——と母分散の検定 150
　——に関する検定 138
　——の検定方法 167, 168
　——の差の検定 154
　——の信頼区間 148
　——の推定 148
母平均の検定 150, 165
　$\sigma_1^2 = \sigma_2^2 = \sigma^2$とした場合の—— 164
　$\sigma_1^2 \neq \sigma_2^2$の場合の—— 165
ボレル可測 77
ボレル集合体 110
　Ω上の—— 112

ま行

マクロ 98, 99

右片側検定 140

無作為抽出 130

メディアン 17
メニューバー 86

モード 17
モーメント 54
　——が等しい場合 59
モーメント特性関数 62
モーメント母関数 53, 58, 60, 69
　各種分布の—— 62

や行

ヤコビアン　75
ヤコブ関数　75

有意　138
有意水準　138
ユーザー定義関数　102, 104

要因の水準　159

ら行

ラプラス　5
　——による古典確率論　5
ラプラス分布　48, 58, 62
乱数　86
　正規母集団および連続型の分布に従う——　103
　目的とする確率分布に従う
　　——　86
乱数発生　88
　——のVBAマクロ　98
乱数を使ったシミュレーション
　86
ランダムサンプリング　130

リアプノフの条件　122
離散型　16
　——の確率分布　16
　——の確率分布の例　18
　——の確率変数　17
リーマン・スティルチェス積分
　77
両側検定　138, 167
　——のパーセント　167
両側のp値　139, 141, 151, 153, 167
リンデベルグ・フェラーの中心極限定理　121
リンデベルグ・レビーの中心極限定理　121

累積分布関数　17, 19, 23, 28
　2変数の——　65
　——の逆関数　43, 93, 143
　——の逆関数を計算する関数
　　157
　——の計算　19, 30, 40
　——を計算する関数　157
　——を求める関数　144
ループ命令　106
ルベーグ・スティルチェス積分
　78
ルベーグ測度　111, 112

連続型　16
　——の確率分布　27
　——の確率分布の例　29
　——の確率変数　28
　——の確率変数の関数　28
　——の確率変数の変換　74
　——の変数　66, 74

わ行

歪度　56
ワイブル関数　42
ワイブル分布　29, 42, 56, 58
　——の確率密度関数，累積分布関数　42
ワイブル乱数　95, 105
和事象　2

欧文

accept　138
almost surely　113
alternative hypothesis　138
analysis of variance　159
ANOVA　159
Application　104
Application.BetaINV　105
Application.GammaINV　105
a.s.　113
asymptotic　124
asymptotic distribution　124
ATAN　47
AVERAGE　90, 97, 148

Bayes' theorem　11
Bernoulli trial　18
Berry-Essenの不等式　124
BETADIST　35
BETAINV　95
BINOMDIST　19, 92
binomial distribution　19
binomial theorem　13
Borel field　110
Borel set　110

central limit theorem　119
characteristic function　60
Chebyshev's inequality　117
CHIDIST　133, 142
CHIINV　133, 143
chi-square distribution　132
COMBIN　13
combination　13
compliment　2
conditional expectation　67

conditional probability　8, 66
conditional probability density function　66
conditional variance　67
confidence coefficient　136
confidence interval　136
consistent estimator　132
continuous type　28
convergence almost everywhere
　113
convergence in distribution
　115
convergence in law　115
convergence in probability　114
convergence in the r-th mean
　114
convergence weakly　115
convolution　69
correlation coefficient　65
covariance　65
[Ctrl]+[Shift]+[Enter]キー
　80
cumulant generating function
　59
cumulative distribution function
　17

de Morgan's law　3
DEVSQ　149
discrete type　16
disjoint events　2
distribution function　17
Do…Loopステートメント
　106
double exponential distribution
　48

effect　159
elementary event　2
empty event　2
estimation　130
estimator　130
event　1
Excel　13, 16, 78, 86, 98, 142, 157, 161
Excel 2002　98, 167
expected value　17
exponential distribution　29
exponential family　51

F distribution　156
FACT　13
factor　159
factorial　12

索引

FALSE 19, 22
FDIST 157, 161, 169
FINV 157, 163, 167
F 分布 156, 158, 160
　　分散比の—— 158
　　——のパーセント点 169
　　——の分布関数を求める関数 161
　　——を使った分析 161

Gamma distribution 29
GAMMADIST 30
GAMMAINV 94
grand mean 159

hazard rate function 43
hypothesis testing 137

independent 9
independent and identically distributed 120
Integer 102
intersection of events 2

joint distribution function 65
joint probability distribution 64
joint probability function 65

kurtosis 57
k 変量正規分布 76

Laplace distribution 48
law of large numbers 119
Lebesgue measure 111
Lebesgue–Stieltjes integral 78
level 159
Liapounov の条件 122
Lindeberg–Feller の中心極限定理 121
Lindeberg–Levy の中心極限定理 121
LOGINV 41
log-normal distribution 40
LOGNORMDIST 40
lower confidence limit 136

marginal probability distribution 66
MDETERM 82
mean 17
measurable 2, 16
measurable function 112
measurable space 110
median 17, 125

MEDIAN 125
MMULT 81
mode 17
Module1 100
moment 54
moment generating function 58
multinomial distribution 76
multivariate normal distribution 76

negative binomial distribution 25
NEGBINOMDIST 26
normal distribution 37
NORMDIST 38
NORMINV 98
NORMSINV 40, 98, 104
null hypothesis 138

Office XP 98, 167
one-tailed test 138
one-way layout 159

percent point 136
percentile 125
PERCENTILE 126
PERMUT 13
permutation 12
POISSON 22, 93
Poisson's law of small number 22
population 129
population mean 130
population parameter 130
population variance 130
posterior probability 11
prior probability 11
probability density function 28
probability distribution 17
probability function 17
probability generating function 61
probability measure 111
probability space 111
p-value 139
p 値 139, 141, 151, 152, 153, 166, 167
p パーセンタイル 125
p パーセント分位点 126

quartile 126
QUARTILE 126

RAND 93
reject 138
reproductive 69
Rieman–Stieltjes integral 77
Rnd 103

sample 129
sample point 1
sample space 1
σ-algebra 109
σ-field 109
significance level 138
significant 138
Single 102
skewness 56
standard deviation 18
standard normal distribution 37
statistic 131
statistical inference 129
statistics 51
STDEV 148
STDEVP 148
STEDEV 148
strong law of large numbers 119
sufficient statistics 51
SUM 149

t distribution 133
TDIST 135, 144
test statistic 139
TINV 135, 146
TRANSPOSE 80, 82
triangular distribution 52
TRUE 19, 23
two-sample test 154
two-tailed test 138
type I error 138
type II error 138
t 検定：等分散を仮定した 2 標本による検定 164
t 検定：分散が等しくないと仮定した 2 標本による検定 166
t 分布 129, 133, 136, 144
　　——のパーセント点 150
　　——の累積分布関数の逆関数 146
　　——を使った演習 142
　　——を求める関数 144

unbiased estimator 132
uniform distribution 33

union of events 2
upper confidence limit 136

VAR 90, 97, 148
variance 18
variance-covariance matrix 74
VARP 148
VBA 98

——のコード 98
Venn diagram 2
Visual Basic 98
Visual Basic Editor 100, 103, 124
visual basic for application 98

weak law of large numbers 119

Weibul distribution 42
WEIBULL 44
Welch's test 154
While 106
Windows 98
with probability 1 113

著者略歴

縄田 和満（なわた・かずみつ）

1957年　千葉県に生まれる
1979年　東京大学工学部資源開発工学科卒業
1986年　スタンフォード大学経済学部博士課程修了
1986年　シカゴ大学経済学部助教授
現　在　東京大学大学院工学系研究科・
　　　　工学部システム創成学科教授
　　　　Ph. D. (Economics)

Excelによる確率入門

2003年4月25日　初版第1刷
2010年8月25日　　　　第5刷

〈検印省略〉

© 2003〈無断複写・転載を禁ず〉

ISBN 978-4-254-12155-1　C3041

定価はカバーに表示

著　者　縄　田　和　満
発行者　朝　倉　邦　造
発行所　株式会社　朝　倉　書　店
　　　　東京都新宿区新小川町6-29
　　　　郵便番号　162-8707
　　　　電話　03 (3260) 0141
　　　　FAX　03 (3260) 0180
　　　　http://www.asakura.co.jp

新日本印刷・渡辺製本
Printed in Japan

好評の事典・辞典・ハンドブック

書名	編著者	判型・頁数
オックスフォード科学辞典	山崎 昶 訳	B5判 936頁
恐竜イラスト百科事典	小畠郁生 監訳	A4判 260頁
植物ゲノム科学辞典	駒嶺 穆ほか5氏 編	A5判 416頁
植物の百科事典	石井龍一ほか6氏 編	B5判 560頁
石材の事典	鈴木淑夫 著	A5判 388頁
セラミックスの事典	山村 博ほか1氏 監修	A5判 496頁
建築大百科事典	長澤 泰ほか5氏 編	B5判 720頁
サプライチェーンハンドブック	黒田 充ほか1氏 監訳	A5判 736頁
金融工学ハンドブック	木島正明 監訳	A5判 1028頁
からだと水の事典	佐々木 成ほか1氏 編	B5判 372頁
からだと酸素の事典	酸素ダイナミクス研究会 編	B5判 596頁
炎症・再生医学事典	松島綱治ほか1氏 編	B5判 584頁
果実の事典	杉浦 明ほか4氏 編	A5判 636頁
食品安全の事典	日本食品衛生学会 編	B5判 660頁
森林大百科事典	森林総合研究所 編	B5判 644頁
漢字キーワード事典	前田富祺ほか1氏 編	B5判 544頁
王朝文化辞典	山口明穂ほか1氏 編	B5判 640頁
オックスフォード言語学辞典	中島平三ほか1氏 監訳	A5判 496頁
日本中世史事典	阿部 猛ほか1氏 編	A5判 920頁

価格・概要等は小社ホームページをご覧ください．